BIBLIOTECA LA NAU, MINOR 35 • SERIE DIVULGAR CIENCIA

ABRIENDO LAS PUERTAS DEL CIELO

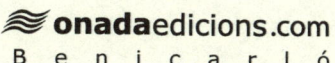

Benicarló

El VIII Premio Internacional de Divulgación Científica Ciutat de Benicarló, convocado por el AYUNTAMIENTO DE BENICARLÓ, se ha concedido a la obra presente. El jurado ha estado formado por Amira Fernández Ramos, David García García y Miquel Àngel Pradilla Cardona. Los Premios Literarios Ciutat de Benicarló cuentan con la colaboración de Fundació Caixa Benicarló, IFF, INEOS Composites, Diputació de Castelló, Acadèmia Valenciana de la Llengua y Universitat Jaume I.

Vicent J. Martínez

Abriendo las puertas del cielo

VIII Premio Internacional
de Divulgación Científica
Ciutat de Benicarló

BIBLIOTECA LA NAU, MINOR 35
SERIE DIVULGAR CIENCIA

≈ **onada**edicions.com

Primera edición abril de 2024

© Vicent J. Martínez
© *Imágenes* De las respectivas autorías
© *Imagen de cubierta* Sergi Cambrils Caspe • Onada Edicions
© *De esta edición* Onada Edicions

Edita
Onada Edicions
Plaça de l'Ajuntament, local 3
Ap. de correus 390 • 12580 Benicarló
www.onadaedicions.com • onada@onadaedicions.com

Diseño de la colección Onada Edicions
Maquetación Òscar París Garcia
Corrección lingüística Rosa Maria Camps Cardona

ISBN 978-84-19606-69-3
Depósito legal CS-103-2024

Índice

PREFACIO

*K*nockin' on Heaven's Door es el título de una canción que compuso Bob Dylan en 1973 para la banda sonora de la película de Sam Peckinpah *Pat Garrett and Billy the Kid*. Dándole una vuelta más al título de esa canción de la que se han hecho múltiples versiones, hemos titulado este libro: *Abriendo las puertas del cielo*. Sin duda, nuestra concepción del cosmos ha cambiado a lo largo de la historia de manera dramática, pero en los últimos cien años este cambio ha supuesto una auténtica revolución conceptual. El deseo de conocer el universo va unido a la necesidad de dar respuestas a las grandes preguntas que intrigan a la humanidad: ¿De dónde venimos? ¿Qué somos? ¿A dónde vamos? La búsqueda de respuestas a estas cuestiones constituye el *leitmotiv* que hace que se expandan las fronteras de la ciencia. La astronomía y la cosmología no son una excepción, más bien al contrario, son disciplinas en las que a la pasión por el descubrimiento y la fascinación común a muchas ramas del conocimiento se les une el deseo profundo de conocer nuestro lugar en el universo.

En este libro he hilvanado una historia que me ha permitido, además, recopilar de manera coherente algunos escritos publicados durante años en revistas de divulgación científica (*Mètode*, *Investigación y Ciencia*, *ConCiencias*, etc.), periódicos (*El País*, *El Mundo*, *Levante-EMV*, etc.) y blogs de ciencia. Trato de dar a conocer algunos de los hitos que han llevado a la humanidad a adquirir la concepción del cosmos que hoy tenemos. Ese ejercicio ha supuesto "desvelar el universo" para que nos revele sus enigmas y nos permita saber más de él cada día.

La primera parte del libro, "Vagabundos celestes", está dedicada a nuestra propia atalaya, la Tierra y el sistema solar, nuestro entorno galáctico más próximo, destacando el descubrimiento de otros mundos como la Tierra, los exoplanetas, así como la búsqueda de vida extraterrestre.

Nuestra galaxia no es un lugar apacible: explosiones estelares, supernovas, agujeros negros ponen de manifiesto que el nuestro es un universo violento, que solo la parsimonia con la que transcurren los enormes plazos cósmicos llevó equivocadamente a nuestros antepasados a creer en la inmutabilidad de los cielos. Este es el tema central de la segunda parte de este texto, "Catástrofes estelares", en la que presentaremos descubrimientos ya clásicos como el de los púlsares o mucho más recientes como el de las ondas gravitatorias.

"Midiendo el universo" es como hemos titulado la tercera y última parte. Iniciamos esta sección hablando de las escalas cósmicas para tratar de entender la extensión de un universo, que bien podría ser infinito, y así ubicarnos en una inmensa cartografía que nos permite explorar el mundo, como hacían los navegantes del pasado con los antiguos mapas y portulanos. Medir el universo implica también conocer su contenido material. Al tratar de establecer el inventario cósmico nos vemos en la necesidad de invocar el "lado oscuro", un ingrediente imprescindible en la concepción moderna del cosmos. En estos capítulos finales destacamos el papel de la materia oscura para poder explicar la estabilidad de los cúmulos de galaxias o las velocidades de rotación de las estrellas en las galaxias espirales, así como el de la energía oscura para justificar las observaciones que apuntan a una expansión acelerada del universo.

Abriendo las puertas del cielo aspira a ser la historia que el universo nos cuenta cuando lo observamos con mente curiosa. Solo hace falta estar atentos y que, con la ayuda de las astrónomas y los astrónomos del pasado y contemporáneos, seamos capaces de desvelar los enigmas que alberga.

Parte I

Vagabundos celestes

Then felt I like some watcher of the skies
When a new planet swims into his ken.

JOHN KEATS del poema
On First Looking into Chapman's Homer, 1816.

Me sentí pues como el vigía de los cielos
Cuando un nuevo planeta ancla en su entendimiento

Traducción de RENATA VEGA-ALBELA

1. DESCUBRIENDO PLANETAS

Friedrich Wilhelm Herschel (1738-1822) tenía solo diecinueve años cuando pisó el puerto de Southampton, en Inglaterra, procedente de su ciudad natal, Hannover, en Alemania. Era músico militar, como su padre, Isaac (1707-1767) y su hermano mayor, Jakob (1734-1792). Los dos hermanos habían participado en el bando anglogermano en la Batalla de Hastenbeck frente a las tropas francesas que resultaron victoriosas y ocuparon Hannover. Era el verano de 1757. Antes de que finalizara el año, el padre de los dos músicos buscó refugio para ellos en Inglaterra. Jakob regresó a Alemania en 1759, pero Friedrich Wilhelm, que cambió más tarde su nombre por la versión inglesa de William, permanecería en Inglaterra el resto de su vida. Esta decisión lo convertía formalmente en un desertor, al menos hasta conseguir la baja formal del ejército, algo que se produjo en 1762. Sus habilidades musicales le hicieron progresar como profesor de música, compositor e intérprete. En 1766 fue contratado como organista en una capilla de la ciudad de Bath, al oeste de Inglaterra, donde estableció su residencia durante varios años.[1] Sus inquietudes intelectuales le llevaron de la música a la teoría de armónicos estudiando el libro del profesor de la Universidad de Cambridge Robert Smith (1689-1768), *Harmonics: Or the Philosophy of Musical Sounds* (1749). Más tarde se interesaría por la óptica y por la astronomía. Al principio compaginaba su actividad de organista con la construcción de telescopios y la observación del cielo. En 1772, su hermana menor Caroline (1750-1848) abandonó[2] también la casa de Hannover y se instaló con él en Bath. Su especialidad musical era el canto, que practicó con éxito en Inglaterra, llegando a actuar en 1778 como solista en *El Mesías* de Händel en un concierto en Bath. Pronto aprendió matemáticas, astronomía y técnicas de pulido de espejos para telescopios, convirtiéndose en asistente de William, pero, al mismo tiempo, llevó a cabo observaciones sistemáticas del cielo por su cuenta. El 1 de agosto de 1786 descubrió su primer cometa, convirtiéndose en la primera mujer en hacerlo. Llegaría a descubrir hasta siete más, además de otros objetos del cielo profundo (nebulosas, cúmulos estelares y galaxias).

El 13 de marzo de 1781 William Herschel descubrió el planeta Urano. A veces se argumenta que fue un poco por

---

1 Su casa en Bath se ha convertido en un museo: <https://herschelmuseum.org.uk/>.

2 En realidad, William en persona tuvo que acudir a Hannover para "rescatar" a su hermana. Anna, la madre de ambos, la retenía en Hannover para que se hiciera cargo de las tareas domésticas, evitando su acceso a la formación. El lector interesado puede encontrar el relato de este hecho, junto con una completa biografía de los dos hermanos, en el excelente libro del historiador de la ciencia Michael Hoskin (2014). *William and Caroline Herschel. Pioneers in Late 18th-Century Astronomy*. Dordrecht: SpringerBriefs in Astronomy. Springer.

casualidad, pero, en realidad, el propio Herschel aclara que el descubrimiento fue consecuencia de haber observado el cielo con su incomparable telescopio reflector de siete pies de distancia focal. Su extraordinario espejo, pulido por él mismo, producía una imagen del planeta azulado con un disco más extenso que el de las estrellas. Al principio pensó que era un cometa peculiar y así lo comunicó a la Royal Society de Londres y a su amigo Nevil Maskelyne (1732-1811), astrónomo real y director del Observatorio de Greenwich. Al principio, Maskelyne no consiguió observarlo con los telescopios de Greenwich, que no tenían la calidad del construido por los hermanos Herschel,[3] pero cuando lo consiguió observar, intuyó que podría tratarse de un nuevo planeta con una órbita más o menos circular girando alrededor del Sol. Muchos astrónomos se apresuraron a estudiar el planeta con detalle. El prestigio que consiguió William Herschel por este descubrimiento fue enorme, en noviembre de ese mismo año, la Royal Society le concedió la medalla Copley y, a antes de final de 1871, le nombró miembro de pleno derecho de la Sociedad. El rey Jorge III le concedió una renta de 200 libras, que, aunque era menos que lo que ganaba como músico, le permitió dedicarse profesionalmente a la astronomía. Como contrapartida, debía abandonar Bath e instalarse cerca del Castillo de Windsor, de modo que pudiera mostrarle al rey y a sus invitados el cielo con su telescopio. Como descubridor, Herschel tenía derecho a elegir el nombre del nuevo planeta, y como

---

3 Alexander Herschel (1745-1821), hermano de Caroline y William, se instaló también en Bath desde 1770. Actuó como un destacado violonchelista hasta que su mala salud le obligó a volver a Hannover en 1816. Tenía una gran habilidad con los trabajos de metal: aptitud que resultó muy importante en la construcción de telescopios.

agradecimiento al rey, pensó en denominarlo Georgium Sidus, la Estrella Jorge. La mayoría de los astrónomos europeos, afortunadamente, lo llamaron "el planeta de Herschel", hasta que a propuesta del astrónomo alemán Johann Elert Bode (1747-1826), del que hablaremos en el capítulo siguiente, se le bautizó como planeta Urano.[4]

Después de varias décadas de minucioso escrutinio astronómico se hizo evidente que la órbita de Urano presentaba algunas anomalías respecto a las predicciones de la teoría gravitatoria de Newton. El astrónomo francés Urbain Le Verrier (1811-1877) afirmó en 1846 que Urano se habría acelerado primero para más tarde ralentizarse en su órbita si se comparaba con las predicciones de Newton (considerando en ellas las perturbaciones de los grandes planetas como Júpiter y Saturno). Así que Le Verrier y, de forma independiente, el inglés John Couch Adams (1819-1892) recurrieron a una materia oscura para explicar estas observaciones: debería existir un planeta no visto hasta la fecha, más allá de la órbita de Urano, que produjera esas perturbaciones gravitatorias. Le Verrier calculó dónde se debía encontrar. Allí apuntó su telescopio el astrónomo alemán Johann Galle (1812-1910), del Observatorio de Berlín, y descubrió Neptuno en 1846: un éxito rotundo de la mecánica celeste newtoniana. En realidad, hay que entender este descubrimiento como una detección que desvela la naturaleza de la "materia oscura" previamente postulada: un objeto desconocido que modificaba el movimiento de otro que sí observamos. El movimiento del astro observado o, más bien, su discrepancia respecto al

---

4 Mitológicamente tiene sentido, ya que Saturno es el padre de Júpiter y Urano el padre de Saturno.

movimiento esperado según la teoría aceptada, nos lleva a postular la existencia del objeto inicialmente invisible y a establecer la mejor estrategia para detectarlo. Así se hizo con Neptuno. También ayudó la suerte: Urano y Neptuno estaban cerca el uno del otro cuando todo esto sucedió; si hubieran estado cada uno en su órbita, pero en lados opuestos del Sol, no se habrían perturbado tanto gravitatoriamente y el descubrimiento habría tenido que esperar.

Mercurio es otro planeta del sistema solar que presentaba anomalías, como un fantasma en el aparato de relojería de Newton. Su perihelio, el punto de su órbita más cercano al Sol, no es fijo, se desplaza lentamente cada vez que Mercurio gira en torno al Sol. Con las leyes de Newton y considerando la influencia gravitatoria de los otros planetas, se puede calcular el avance del perihelio de Mercurio, pero el resultado no coincide con las observaciones: avanza 43 segundos de arco por siglo más de lo esperado. Para explicar esta discrepancia, y después del éxito obtenido con Neptuno, el propio Le Verrier postuló la existencia de un planeta intramercurial, es decir situado entre la órbita de Mercurio y el Sol. Vulcano,[5] el dios romano del fuego, fue el nombre que se le otorgó a este hipotético planeta (ver Figura 1). Este nuevo candidato de materia oscura nunca se encontró. Esta vez, las predicciones de Le Verrier fallaron porque Vulcano sencillamente no existe. La explicación del avance anómalo del perihelio de Mercurio la aportó Albert Einstein (1879-1955) en 1915 con su teoría general de la relatividad. En el marco de esta teoría gravitatoria se explican satisfactoria-

---

5 Vulcano es también el nombre del planeta donde nació Spock, el famoso personaje de la serie *Star Trek*.

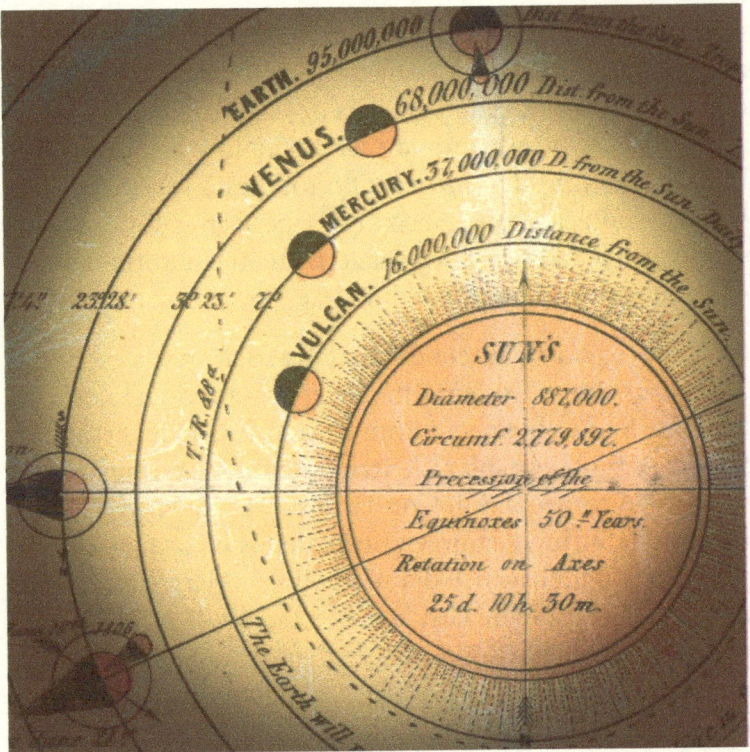

Figura 1. El hipotético planeta Vulcano girando alrededor del Sol en una litografía del sistema solar de 1846 (detalle). Crédito: Wikipedia commons, Library of Congress. <https://www.loc.gov/resource/g3180.ct003790>.

mente esos 43 segundos de arco de discrepancia respecto a la teoría newtoniana. Resulta interesante hacer notar que, veinte años antes, los americanos Simon Newcomb (1835-1909) y Asaph Hall (1829-1907) intentaron modificar ligeramente las leyes de Newton en la proximidad del Sol para explicar la anomalía. Sus modificaciones estaban equivocadas, pero acertaron en que la solución no vendría del lado oscuro, sino de un cambio de paradigma teórico.

2. PLUTÓN ERRÁTICO

Señoría,[6] la novela de Jaume Cabré ambientada en la
Barcelona de finales del siglo XVIII, se divide en tres
partes con sugerentes títulos astronómicos: "Bajo el
signo de Orión", "El susto de las Pléyades" y "Plutón errático". El protagonista de la novela, el juez don Rafel Massó,
es un aficionado a la astronomía que con su telescopio observa el cielo estrellado de Barcelona. Aunque puede gozar
de la visión de Orión y las Pléyades con su catalejo, ciertamente no puede ver Plutón, todavía no descubierto en su
época. El título está más relacionado con el hecho de que,
en la mitología griega, Plutón es el dios del inframundo y
su satélite Caronte, el barquero que transporta los muertos
por el río Arqueronte. El planeta enano Plutón fue descubierto el 18 de febrero de 1930 por el astrónomo nortea-

---

6 Cabré, Jaume (1991). *Senyoria*. Barcelona: Editorial Proa.

mericano Clyde W. Tombaugh (1906-1997) y su satélite Caronte por el también norteamericano James W. Christy en 1978. Como hemos explicado en el capítulo anterior Neptuno fue descubierto por el astrónomo alemán Johann G. Galle, del Observatorio de Berlín, en 1846, a partir de la posición calculada por Urbain Le Verrier, del Observatorio de París. Con el descubrimiento de Urano y Neptuno, los planetas pasaron de seis a ocho, ya que los seis planetas que se conocían desde la antigüedad eran, además de la Tierra, los cinco que se ven a simple vista. La palabra *planeta* viene etimológicamente del griego, *planetes* ("vagabundo, errante"), y de *planaö* ("yo vagabundeo"). El origen de este término proviene del movimiento aparente de los planetas con respecto al fondo fijo de las estrellas, separado e independiente del movimiento aparente global de la bóveda celeste, que es consecuencia del movimiento diurno de rotación de la Tierra. Esta característica de los planetas ya fue observada desde la antigüedad e hizo que los planetas ocuparan en muchas culturas el lugar de diversas deidades, a las que se asignaba una voluntad propia. La famosa ley de Titius-Bode referente a las distancias de los planetas al Sol fue enunciada con anterioridad a ambos. David Gregory (1659-1708) la señaló en 1702, mientras que Johann Daniel Titius (1729-1796) y Johann Elert Bode (1747-1826) no la publicaron hasta 1766 y 1772, respectivamente.[7] Esta "ley" (en realidad un principio mnemotécnico, aún hoy sin base científica sólida) dice que las distancias de los pla-

---

7   Sobre la ley de Titius-Bode resulta recomendable leer el libro de Martin Beech (2024). *Mind The Gap: The Labyrinthine Story of Planetary Orbits, Mathematics, and the Titius-bode Rule*. Nueva Jersey: World Scientific Publishing.

netas al Sol pueden obtenerse tomando la serie 0, 3, 6, 12, 24, 48, 96... (y doblando sucesivamente), añadiendo 4 y dividiendo por 10. Los números resultantes (0,4, 0,6, 1, 1,6, 2,8, 5,2, 10) reproducen las distancias aproximadas de los seis planetas clásicos al Sol (incluida la Tierra) en unidades astronómicas (1 UA = distancia Tierra-Sol = 150 millones de kilómetros). Los cuatros primeros números corresponden a las distancias al Sol de Mercurio, Venus, la Tierra y Marte, y los dos últimos a las distancias al Sol de Júpiter y Saturno. Fallaba una distancia (2,8 UA). A esa distancia, entre las órbitas de Marte y Júpiter, no se conocía ningún planeta: había un hueco. El descubrimiento de Urano a la distancia predicha por la fórmula (19,18 ante las esperadas 19,6 UA) aumentó su credibilidad y disparó la necesidad de descubrir el planeta oculto, que debía residir en una órbita situada entre Marte y Júpiter. La búsqueda terminó cuando el astrónomo italiano Giuseppe Piazzi (1746-1826) anunció, el 1 de enero de 1801, el descubrimiento del nuevo planeta Ceres. Este planeta, a 2,77 UA del Sol, llenaba perfectamente el hueco presente en la ley de Titius-Bode.

Sorprendentemente, en 1802 el médico y astrónomo alemán Heinrich W. Olbers (1758-1840), mientras estudiaba la órbita del nuevo planeta, descubrió otro cuerpo a la misma distancia del Sol, con un tamaño similar a Ceres. Lo llamó Pallas. Ambos resultaron ser demasiado pequeños para lo que se esperaba de un planeta, y hoy sabemos que son mucho más pequeños que nuestra Luna. Por su pequeño tamaño, Herschel decidió desde el principio llamarles asteroides, esto es, similares a las estrellas. La mayor parte de los astrónomos, sin embargo, consideró que los dos nuevos planetas podían unirse a los anteriormente conocidos. Esta decisión no se vio obstruida por el descubrimiento de Juno en 1804 por el astrónomo alemán Karl L. Harding (1765-1834) y de Vesta en 1807 por Olbers, de nuevo en la misma órbita.

A finales de la década de 1840 dos frentes diferentes hicieron que se reconsiderara la situación de modo drástico. Por una parte, como dijimos antes, Galle descubrió Neptuno en 1846, y la distancia de este nuevo planeta al Sol no se ajusta a la ley de Titius-Bode. Además, hacia finales de 1851 se habían descubierto ya quince objetos en la misma órbita de Ceres (los "asteroides" de Herschel). El astrónomo Johann Franz Encke (1791-1865), en el *Berliner Astronomisches Jahrbuch* (*Almanaque Astronómico de Berlín*), fundado por Bode, comenzó a listar, desde 1851, los asteroides menores por separado de la lista de planetas, conservando en esta solo a Ceres, Pallas, Juno y Vesta. A partir de la edición de 1861, todos ellos aparecen listados en una tabla separada y numerada, que comienza con 1 Ceres y terminaba, en ese momento, con 54 Alexandra. Desde esa época, prácticamente ningún astrónomo vuelve a utilizar el término *planeta* para referirse a Ceres o a cualquiera de sus hermanos orbitales, que se convierten en asteroides, planetoides o planetas menores.

Con el descubrimiento de Plutón en 1930 por Tombaugh desde el Observatorio Lowell en Flagstaff, Arizona, el número de planetas llegó a nueve, y así fue durante más de setenta y cinco años. A pesar de todo, el estatus de Plutón como planeta ha sido muy controvertido: su órbita (muy excéntrica e inclinada respecto al plano en el que giran los otros planetas) y su tamaño (menos del 1% del volumen de la Tierra) hacen difícil asignarle un lugar junto a los otros planetas. Además, desde la década de 1990 ha existido un goteo constante de descubrimientos de objetos transneptunianos, con órbitas similares a la de Plutón o más alejadas del Sol, algunos de los cuales tienen masas similares o incluso mayores que él. La gota que colmó el vaso para muchos astrónomos fue el descubrimiento en 2005 del objeto que primero se llamó 2003UB313 (de nombre extraoficial Xena) que tenía, en apariencia, un tamaño mayor que Plutón, y una luna que fue llamada inicialmente, también de modo extraoficial, Gabrielle. La situación de los objetos transneptunianos y del propio Plutón comenzaba a recordar a la que se dio con los asteroides ciento cincuenta años atrás. Por eso, a fin de fijar una definición operativa de qué debe ser llamado *planeta*, la Unión Astronómica Internacional decidió en 2005 crear un comité de expertos que pudiera aclarar este punto, y de paso decidir sobre el estatus de Plutón. Esta comisión presentó a la asamblea general de la Unión Astronómica Internacional (IAU por sus siglas en inglés), reunida en Praga el mes de agosto de 2006, un documento en el que la definición de *planeta* se basaba específicamente en la masa: objetos de masa suficiente para que la fuerza de gravedad venza a la resistencia del material, y se llegue a un estado de equilibrio y forma más o menos esférica. Con esta definición Plutón conservaba su estatus planetario —con el añadido de que Caronte se convertía también en planeta— dando lugar al primer planeta doble del sistema solar, ya que el centro de masa común se encuentra en el exterior de ambos objetos. Ceres readquiría también la condición de planeta, que también alcanzaba Xena. Otra media docena de asteroides y objetos transneptunianos quedaban a la espera de una medición precisa de su masa para decidir si eran planetas o no, dejando a nuestro sistema solar con doce planetas, un número que podría crecer rápidamente en los años siguientes. Muchos de los astrónomos reunidos en Praga reaccionaron airadamente ante esta propuesta y presentaron una definición alternativa que, al final, derrotó en votación a la original. En esta nueva propuesta, el estatus de planeta se alcanza no solo por la masa de un objeto individual, sino que además hay que compararla con la de otros objetos en la misma órbita o en órbitas cercanas. La definición aprobada en Praga dice que para que un objeto del sistema solar sea un planeta debe cumplir tres condiciones: (1) orbitar el Sol, (2) tener suficiente masa como para que su gravedad venza las fuerzas internas, de manera que el equilibrio hidrostático le permita alcanzar una forma cuasiesférica, (3) dominar su órbita, es decir, haber conseguido limpiarla de otros objetos menores. Así, Ceres no "domina" su área del sistema solar, en la que hay muchos otros objetos de tamaño similar, y no es por tanto un planeta. La misma lógica se aplica a Plutón (y por extensión a los otros objetos transneptunianos), y por tanto ninguno de ellos es un planeta. Los planetas del sistema solar son, de acuerdo a esta definición, ocho: Mercurio, Venus, Tierra, Marte, Júpiter, Saturno, Urano y Neptuno.

Plutón se une a Ceres y a Xena en una categoría nueva de planetas enanos, mientras que el resto de asteroides, cometas y otros pequeños objetos pasan a llamarse "cuerpos menores del sistema solar". De hecho, Plutón se ha unido a la lista de objetos no planetarios que empezó a numerarse en 1801 con 1 Ceres, y su nombre oficial en la actualidad es

134340 Plutón. Para cerrar esta discusión con un retorno a la mitología, el profesor Michael Brown, del Instituto de Tecnología de California, descubridor de Xena y de otros muchos objetos transneptunianos, ejerció por fin su derecho a darle un nombre. El nombre elegido, aceptado por la IAU, y por tanto oficial, es Eris. Eris es la diosa griega de la discordia, y una de sus hijas, Disnomia (la deidad menor responsable de la anarquía), ha sido elegida para dar nombre a la luna antes conocida como Gabrielle. Después de este tortuoso recorrido al que Eris y Disnomia nos han dirigido, poco cabe objetar a tal onomástica astronómica.

El astrónomo norteamericano Michael Brown era @plutokiller[8] en la red social Twitter (aunque no ha continuado su presencia ahora que la plataforma se llama X). En su libro repasa los hechos que hemos descrito anteriormente y que llevaron a la IAU a eliminar, por votación, a Plutón del elenco de planetas y convertirlo en prototipo de lo que hoy se conoce como un planeta enano.

La IAU reconoce además de Eris, Plutón y Ceres a dos objetos más en la categoría de planetas enanos: Makemake y Haumea, pero es evidente que no solo existen cinco planetas enanos, sino que seguramente hay muchos más, posiblemente miles. Brown criticó la decisión de tener una lista cerrada de planetas enanos y publicó en 2011 una lista con 390 objetos transneptunianos que podrían serlo. Esta lista va creciendo con el tiempo. Sin duda, su estudio es un

---

8 Era un nombre adecuado si pensamos que Michael Brown escribió en 2010 un libro con el título *How I Killed Pluto and Why It Had It Coming*. Nueva York: Random House Publishing Group.

Figura 2. Comparación de los ocho objetos transneptunianos (TNOs) más grandes y brillantes: Plutón, Eris, Makemake, Haumea, Sedna, 2007 OR$_{10}$, Quaoar y Orcus. Los cuatros superiores son planetas enanos ya aceptados. Cinco de los ocho tienen satélites. Crédito: usuario Lexicon de Wikipedia Commons, imágenes de los objetos: NASA, ESA y STScI.

campo apasionante de la astronomía planetaria contemporánea. Otros objetos que quizá pronto entren en la categoría de planetas enanos (ver Figura 2) son Quaoar, Sedna, Orcus, Salacia y Gonggong (2007 OR$_{10}$). Estaremos atentos.

3. MUNDOS DE HIELO

¿Qué son los planetas enanos? Como el resto de los planetas, los enanos orbitan en torno al Sol y son suficientemente grandes como para tener una forma esférica debido a su propia gravedad (en realidad, la condición es que estén en equilibrio hidrostático; en ocasiones pueden estarlo, aunque no hayan adquirido formas esféricas, como es el caso de Haumea, con forma de elipsoide). La condición que los planetas enanos no cumplen y sí lo hacen los ocho planetas reconocidos es la de ser dominantes en su órbita, es decir, que hayan sido capaces de limpiar su vecindario de otros objetos similares. Así, el planeta enano Ceres comparte su órbita con miles de objetos en el cinturón de asteroides y Plutón, Eris, Makemake y Haumea la comparten con muchos más objetos transneptunianos que pueblan la zona del sistema solar conocida como cinturón de Kuiper. De todos los que se conocen hasta la fecha, Plutón es el más grande, pero Eris es más masivo. Al principio se pensó incluso que Eris era mayor que Plutón, pero lo que ocurre es que es muy brillante. El brillo de un astro que refleja luz del Sol es consecuencia tanto de su tamaño (superficie reflejante) como de su albedo. El albedo es el porcentaje de radiación que una superficie refleja respecto de la radiación que ha incidido sobre ella. Por ejemplo, el albedo de la nieve reciente es superior al 80%, mientras que el del océano es inferior al 10%. El albedo de Eris es del 99%, mientras que el de Plutón es del 64%.

¿Y el tamaño? Importa. Ceres tiene un diámetro de unos 900 km. Posiblemente, ese sea el tamaño que un planeta rocoso debe alcanzar para que su propia gravedad consiga hacerlo esférico (otros asteroides más pequeños no son esféricos), pero si el objeto es de hielo, al ser este material menos duro que la roca, no necesita ser tan grande para que su gravedad lo haga redondo. Por ejemplo, Mimas, un satélite helado de Saturno, tiene un diámetro de unos 400 km y es esférico. Otros satélites de hielo de menor tamaño no lo son. Quizá muchos de los objetos transneptunianos sean de hielo y, por tanto, con diámetros de 400 km o más podrían ser esféricos y deberían ingresar en la lista de planetas enanos.

El 19 de enero de 2006, la sonda New Horizons fue lanzada por la NASA desde Cabo Cañaveral, por medio del cohete Atlas V, con el objetivo de estudiar el sistema Plutón-Caronte. Como se ha indicado, Caronte es un satélite de Plutón, pero su diámetro es aproximadamente la mitad del de Plutón, por lo que en realidad podemos interpretar al sistema Plutón-Caronte como un planeta doble, orbitando ambos en torno al centro de masas común, el baricentro, que en este caso es un punto exterior a ambos cuerpos celestes. Este no es el caso de la Luna y la Tierra, ya que el baricentro del sistema Tierra-Luna se encuentra en el interior de la Tierra, a 1.710 km de profundidad.

New Horizons llegó a su destino en 2015, pasando antes por las cercanías de Júpiter, aprovechando para probar sus instrumentos y enviar a la Tierra información muy interesante sobre la atmósfera del mayor planeta del sistema solar, y realizando una maniobra de asistencia gravitatoria que le permitiría incrementar su velocidad notablemente hacia su destino final.

A su llegada, New Horizons descubrió una tenue atmósfera en Plutón, producida por sublimación del material helado de la superficie, que contiene además partículas orgánicas. Se encontró con un gigantesco glaciar de nitrógeno helado en la zona conocida como Sputnik Planum, sobre el que se sitúan montañas de hielo de agua de varios kilómetros de altura flotando como si se tratase de icebergs. De Caronte nos mostró una imagen con una superficie dominada por hielo de agua, joven geológicamente, es decir con pocos cráteres, con cañones de entre 5 y 10 kilómetros de profundidad, cruzando completamente la zona ecuatorial del astro. Sorprendió también una enigmática mancha oscura, conocida como Mordor Macula, cerca de su polo norte.

Pero New Horizons continuó su viaje a los confines del sistema solar, después de alejarse de Plutón, para conocer de cerca otros objetos del llamado cinturón de Kuiper. Una región que comienza poco más allá de la órbita de Neptuno y que se extiende hasta una distancia equivalente a cincuenta veces la distancia media de la Tierra al Sol. El cinturón de Kuiper es semejante al cinturón de asteroides que se encuentra entre las órbitas de Marte y Júpiter, pero unas veinte veces más ancho y posiblemente cien veces más masivo. Mientras que muchos asteroides son rocosos, la mayoría de los objetos que pueblan el cinturón de Kuiper son de materiales más volátiles que los astrónomos llaman hielos (metano, amoniaco, agua helada, etc.). Tres de los llamados planetas enanos se encuentran en el cinturón de Kuiper: Plutón, Haumea y Makemake.

El primer objeto del cinturón de Kuiper que New Horizons ha visitado, después de abandonar Plutón, se denominó provisionalmente Ultima Thule y, más tarde, recibió el nombre de Arrokoth.[9] Tiene solo 35 km de diámetro. Lo descubrió el telescopio espacial Hubble en 2014. El 1 de enero de 2019 New Horizons se acercó a solo 3.536 km de este pequeño cuerpo del cinturón de Kuiper y lo analizó mientras lo sobrevolaba enviando imágenes y datos del astro más distante que ninguna sonda espacial haya explorado hasta la fecha. Se encontraba a más de 6.600 millones de kilómetros de la Tierra (ver Figura 3).

La imagen no decepcionó. Con una resolución de 33 metros por pixel, nos muestra un objeto binario de contacto formado por dos lóbulos, uno de ellos bastante aplanado, sin apenas cráteres. Este lejano objeto transneptuniano ha

---

9 *Arrokoth*, en lengua aborigen algonquina, una etnia de América del Norte, significa "cielo".

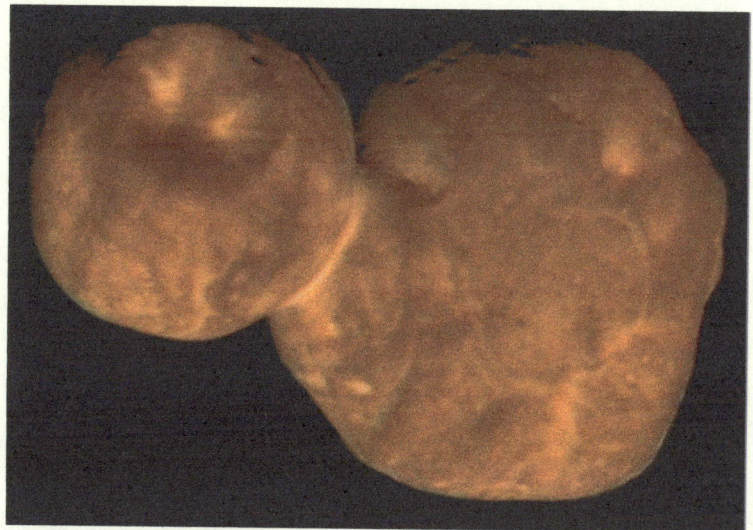

Figura 3. La imagen más precisa de Arrokoth tomada el 1 de enero de 2019 por la sonda New Horizons. Crédito: NASA/Johns Hopkins University Applied Physics Laboratory/Southwest Research Institute//Roman Tkachenko.

permanecido posiblemente inalterado desde que los dos lóbulos se fusionaron poco después de la formación del sistema solar hace 4.600 millones de años. Una prístina imagen de nuestros orígenes.

4. AGUA POR TODAS PARTES

Asociamos la presencia de vida en la Tierra a la existencia de agua en nuestro planeta. Sin duda, un medio líquido es necesario para que se produzcan las reacciones químicas que originan la vida.[10] El agua jugaba un papel fundamental en el experimento que llevaron a cabo en 1953 los científicos estadounidenses Stanley Miller (1930-2007) y Harold Urey (1893-1981), por medio del cual estos investigadores estadounidenses estudiaron cómo se podían formar los aminoácidos necesarios para constituir organismos vivos a partir de sustancias inorgánicas, en condiciones ambientales semejantes a las de la Tierra poco después de su formación. Ciertamente, en la Tie-

---

10 El lector interesado en el origen de la vida puede leer Peretó, Juli (2023). *Un planeta creatiu. Com va començar la vida a la Terra i com la fabricarem en el laboratori*. València: Institució Alfons el Magnànim-Centre Valencià d'Estudis i d'Investigació.

rra la vida nació en el agua de los océanos y de las lagunas, pero podríamos imaginar vidas basadas en otra química diferente a la del agua: otros sustratos líquidos, como por ejemplo el etano, el metano o el amoniaco podrían ser la base de la química de la vida en otros mundos semejantes a la Tierra.

Más del 70% de la superficie de nuestro planeta está cubierta por agua líquida. En ningún otro planeta del sistema solar encontramos una característica semejante. Una presión atmosférica adecuada y una órbita estable alrededor del Sol a una distancia que proporciona temperaturas templadas hace de nuestro planeta un lugar singular en el sistema solar, por lo que se refiere a la presencia de agua líquida, aunque sobre su origen todavía no hay una teoría plenamente aceptada por la comunidad científica.

La proximidad de Mercurio al Sol impide que este planeta contenga agua líquida en su superficie. Muy probablemente, en el pasado pudo haber agua líquida en la superficie de Venus y con más seguridad de Marte, pero hoy queda descartada esa posibilidad. En Marte, hay evidencias de la presencia de agua en forma de hielo subterráneo, algo que también ocurre en la Tierra, por ejemplo, en las regiones frías del Ártico y que recibe el nombre de permafrost. La tenue atmósfera de Marte contiene ligeras cantidades de vapor de agua, pero como decíamos, no hay ninguna evidencia sólida de la presencia de agua líquida en la superficie de Marte hoy en día. El resto de los planetas del sistema solar —Júpiter, Saturno, Urano y Neptuno— son gigantes gaseosos, pero algunas de sus lunas son rocosas y podrían disponer de agua líquida.

El 15 de septiembre de 2017 tuvo lugar el impacto controlado de la sonda Cassini[11] sobre el planeta Saturno, y con él finalizaba una de las misiones espaciales que más descubrimientos ha aportado sobre nuestro sistema solar y, en particular, sobre la posibilidad de encontrar condiciones favorables para que alguna de las lunas de los planetas gaseosos alberguen algún tipo de vida, aunque sea muy primitiva.

La sonda Cassini-Huygens[12] se lanzó desde Cabo Cañaveral el 15 de octubre de 1997 a bordo del cohete Titan IVB/Centaur. Se trata de una colaboración entre la NASA, la Agencia Espacial Europea (ESA) y la Agencia Italiana del Espacio. Tardó casi ocho años en llegar a su destino, primero se dirigió hacia Venus, para tomar impulso gravitatorio y seguir su periplo hacia Saturno. Dos años después del lanzamiento, Cassini pasó de nuevo por las proximidades de la Tierra para adquirir más velocidad por el tirón gravitatorio que ejerció sobre ella nuestro planeta, dirigiéndose, ahora sí, a las regiones externas del sistema solar. Primero atravesó el peligroso cinturón de asteroides que se encuentra entre las órbitas de Marte y Júpiter, estudiándolo con detalle. A finales del año 2000, se aproximó a Júpiter, pasando a 10 millones de kilómetros del planeta gigante. En su acerca-

---

11 El nombre de la sonda se debe al astrónomo italiano Giovanni Cassini (1625-1712), que descubrió cuatro satélites de Saturno, así como la división de los anillos de Saturno que lleva su nombre.

12 La sonda consta de dos partes, el orbitador (Cassini) y el módulo de descenso que viajaba a bordo de Cassini y al que se le puso por nombre Huygens, en honor al físico, astrónomo y matemático holandés Christiaan Huygens (1629-1695), que fue quien explicó la naturaleza de los anillos de Saturno y el descubridor de su satélite más grande: Titán.

miento a Saturno, el año 2004, encontró dos pequeñas lunas del planeta anillado hasta entonces desconocidas, Metone y Palene, y se acercó a solo 2.000 kilómetros de Febe, la oscura e irregular luna saturnina, descubierta por el astrónomo William Henry Pickering (1858-1935) en 1898.

El 20 de junio de ese año, la sonda Cassini se convirtió en la primera nave espacial en orbitar Saturno. A final de año, la pequeña sonda de la ESA, Huygens, que había viajado "dormida" a bordo de Cassini, se desprendió de su nave nodriza para descender sobre la superficie de la mayor luna de Saturno, Titán. Durante tres semanas Huygens voló hacia su destino y, el 14 de enero de 2005, inició su descenso atravesando por completo la densa atmósfera de Titán hasta alcanzar la superficie de este satélite, enviando, durante tres horas y media, información muy valiosa sobre su composición.

Desde que Cassini entrara en la órbita de Saturno hasta su impacto con el planeta completó 292 órbitas, haciendo un estudio pormenorizado de sus anillos y de algunas de sus lunas. De Titán nos ha mostrado mares y lagos de metano y etano líquidos en su superficie, así como la presencia de un océano global subterráneo de agua líquida y amoniaco. Pero quizá, la sorpresa mayor en cuanto a descubrimientos ha venido de la mano de la pequeña luna helada, Encélado, de unos 500 km de diámetro. Al igual que Titán, Encélado posee un océano de agua líquida bajo de su corteza helada. Este océano podría tener entre 40 y 60 kilómetros de espesor. En 2005, Cassini detectó géiseres de vapor de agua que afloraban en el hemisferio sur de la luna. El agua procedería del océano subterráneo

Los satélites Ganímedes y Europa de Júpiter, así como Titán y Encélado de Saturno tienen en común que, al parecer, poseen un océano global de agua líquida bajo una corteza helada. También Ariel y Miranda, satélites de Urano. De hecho, quizá todas las lunas grandes heladas de los planetas jovianos tengan océanos subterráneos, incluida Tritón, satélite de Neptuno. Estos astros del sistema solar están más allá de la llamada zona de habitabilidad, que se define como la región en torno a una estrella en que la radiación emitida por el astro permitiría la existencia de agua líquida en la superficie de un planeta (o satélite) rocoso. Pero, como hemos indicado, el océano líquido de estos satélites rocosos no se encontraría en su superficie, sino bajo una capa de hielo de varias decenas de kilómetros de espesor. Las fuerzas de marea producidas por la atracción gravitatoria de los planetas gigantes (Júpiter y Saturno) en torno a los cuales giran estas lunas son las responsables del calentamiento necesario para que el agua de estos océanos subterráneos se mantenga en estado líquido. Es más, esta energía, en algunos casos, produce fricciones internas, que junto con la rotación de los propios satélites sobre sus ejes, generan una cierta actividad volcánica en el subsuelo. La corteza helada de Encélado tiene un espesor de unos 30 a 40 km y debajo estaría el océano de agua líquida. El 14 de abril de 2017, la revista *Science* publicaba una investigación de la NASA liderada por el científico estadounidense J. Hunter Waite, en la que se ponía de manifiesto que, además de vapor de agua, estos chorros contienen hidrógeno molecular, dióxido de carbono y moléculas orgánicas como el metano. Este descubrimiento sugiere que en el océano subterráneo de Encélado se estén produciendo re-

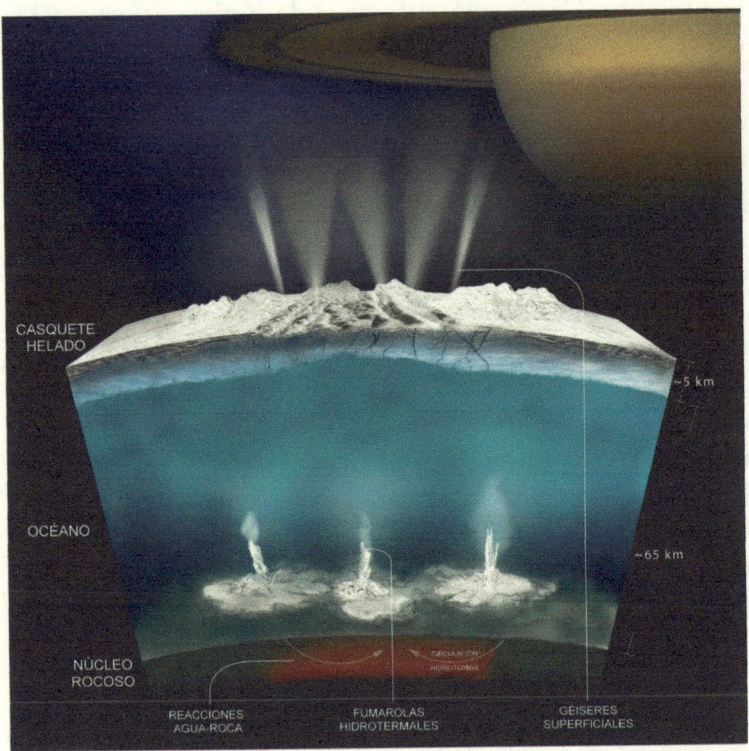

Figura 4. Concepción artística de cómo el agua y las rocas interactúan en el fondo del océano subterráneo de Encélado para producir gas molecular. Crédito: NASA/JPL-Caltech/Southwest Research Institute.

acciones hidrotermales (ver Figura 4). Se trataría, por tanto, de un océano energéticamente compatible con la vida de la misma manera que en zonas abisales de los océanos terrestres, este tipo de reacciones entre el agua y las rocas permiten la existencia de microorganismos primitivos que generan energía transformando el hidrógeno y el dióxido de carbono en metano (metanogénesis microbiana) haciendo de estas fuentes hidrotermales, oscuras y profundas, el hábitat de formas de vida antiquísimas en la Tierra. ¿Pasará esto mismo en Encélado? La respuesta está en el metano. Futuras misiones a esta luna deberán comprobar si el metano que se detecta en la atmósfera de Encélado es de origen geológico o biológico. Serán, por tanto, necesarias otras sondas que en el futuro lleguen a Saturno y a su pequeña luna para quizá detectar, por primera vez, señales evidentes de vida (microbiana) extraterrestre.

Tras veinte años de viaje espacial y multitud de descubrimientos, Cassini impactó en Saturno el 15 de septiembre de 2021. Esa *Grand Finale* tenía como objetivo que la sonda no contaminara ninguna de las lunas del planeta y así estas permanezcan impolutas para futuras exploraciones espaciales.

5. CAÍDOS DEL CIELO

Muchas de las especies que han vivido sobre la faz de la Tierra han desaparecido ya. Algunas continúan extinguiéndose en la actualidad y es más que evidente que la actividad de nuestra propia espacie, el *Homo sapiens*, es responsable directa o indirectamente de estas extinciones. A lo largo de la historia de la vida en la Tierra se han producido diferentes extinciones masivas, en las que un número grande de especies desaparecieron en un periodo geológico relativamente pequeño. La última de estas extinciones tuvo lugar hace aproximadamente 66 millones de años y en ella desaparecieron los grandes dinosaurios que habían poblado la Tierra y sus océanos durante decenas o incluso centenares de millones de años.

Con anterioridad a 1980 coexistían diferentes teorías que pretendían explicar esta extinción. Ese año, el Premio Nobel de Física Luis Alvarez (1911-1988), su hijo Walter y dos colegas de la Universidad de California en Berkeley plantearon un posible origen extraterrestre para justificar la extinción: la caída de un meteorito de grandes dimensiones en algún lugar de la Tierra. En un artículo publicado en la revista *Science*, estos autores analizaban un exceso de iridio depositado en sedimentos marinos correspondientes a la transición entre los periodos Cretáceo y Terciario, coincidiendo con el periodo en el que los registros fósiles indicaban que se había producido la última de las extinciones. Alvarez y colaboradores estimaron que el meteorito debería tener aproximadamente 10 km de diámetro. Su impacto no sería el motivo directo de la extinción ya que sus efectos, aunque devastadores, se concentrarían en la región de la Tierra donde se produjo y las zonas relativamente cercanas, pero una fracción importante de la masa del asteroide quedaría en forma de roca pulverizada en la estratosfera de nuestra atmósfera, las corrientes la distribuirían alrededor de todo el mundo y la Tierra se oscurecería por mucho tiempo, provocando un importante cambio climático. El polvo en suspensión impediría que la fotosíntesis se llevara a cabo, iniciándose así el proceso de extinción de especies.

El problema con esta hipótesis era que ninguno de los 130 cráteres de impacto sobre la Tierra conocidos en ese momento tenían, simultáneamente, un tamaño suficiente para haber producido la extinción masiva y una edad aproximada de 66 millones de años. Este hecho contribuyó a que inicialmente los paleontólogos se mostraron muy escépticos ante la propuesta de Alvarez y sus colegas. La teoría se hizo muy popular pronto entre no especialistas y poco a poco fue ganando terreno. Su relativa simplicidad y el hecho de resultar atractiva para la prensa la reforzó considerablemente. Durante los años siguientes a la publicación del artículo, se confirmó la presencia de iridio en otros sedimentos correspondientes a la frontera entre el Cretáceo y el Terciario, reforzando la hipótesis del impacto, pero se hacía necesario encontrar el cráter que habría dejado el asteroide o el cometa al impactar sobre la superficie de la Tierra.

Diez años más tarde de que se propusiera la causa extraterrestre para explicar la desaparición de los dinosaurios, tuvo lugar el ansiado descubrimiento. En las proximidades de Chicxulub, en la península de Yucatán (México) y cubierto por sedimentos, se encontró un cráter que muy bien podía señalar el lugar del impacto. El cráter tiene unos 180 km de anchura y está parcialmente sumergido en el océano. Sería uno de los grandes cráteres del sistema solar. El descubrimiento del cráter supuso un espaldarazo muy importante para que la hipótesis del impacto del asteroide como causa de la extinción de los dinosaurios se aceptara por una gran mayoría. En un artículo publicado en 2001 en la revista *Time*, firmado por el escritor y periodista Leon Jaroff y titulado "At last, the Smoking Gun?" ("Por fin, la pistola humeante?"), se recogen las declaraciones de William Boynton, profesor de ciencias planetarias de la Universidad de Arizona, en las que afirmaba que "esto es casi lo más cercano a una certeza que se puede obtener en la ciencia".

El cambio global que experimentó la vida en la Tierra después del impacto debió ser enorme. Los que apoyan la teoría de que esta fue la causa de la extinción masiva son conscientes que la desaparición del 75% de las especies no fue consecuencia de la violencia del impacto y la explosión, sino de los posteriores incendios devastadores y el llamado "invierno nuclear": gran cantidad de humo y polvo quedaría en suspensión en la atmósfera impidiendo la llegada de los rayos de Sol a la superficie de la Tierra. La devastación de los espacios naturales, las reservas de alimentos y los cambios climáticos asociados contribuyeron a la extinción masiva de plantas y animales. Pero fue ¿realmente así?

Nadie niega que hace 66 millones de años un cometa o un asteroide impactara sobre la península del Yucatán, pero ¿fue ese el motivo de la extinción de los dinosaurios en toda la Tierra? El registro fósil pone de manifiesto que se han producido al menos cinco extinciones masivas de la Tierra:

• Extinción Ordovícico-Silúrico, hace 440 millones de años.

• Extinción del Devónico tardío, hace 350 millones de años.

• Extinción Pérmico-Triásico, hace 250 millones de años.

• Extinción Triásico-Jurásico, hace 200 millones de años.

• Extinción Cretácico-Terciario, hace 66 millones de años.

Analizando la edad de los grandes cráteres de impacto que hoy conocemos sobre la superficie de la Tierra solo aparece una coincidencia, precisamente con la última de las extinciones, hace 66 millones de años. Se trata pues de un evento único. No se han encontrado evidencias de posibles impactos que podamos relacionar con las extinciones anteriores, por lo que si estas se debieran a impactos de asteroides, sus huellas habrían quedado borradas de la superficie terrestre. Quizá lo más razonable es pensar que serían otros los motivos que las produjeron. A esa conclusión llegan los paleontólogos David Bond y Stephen Grasby cuando afirman: "La ausencia de vínculos temporales convincentes entre los impactos y las extinciones sugiere que los impactos no son los principales impulsores de las extinciones." Estos autores proponen que, en realidad, son episodios de vulcanismo a gran escala los responsables de las extinciones. De hecho, las tres últimas extinciones coinciden perfectamente con actividades volcánicas a gran escala conocidas: los *traps*[13] siberianos, en el límite Pérmico-Triásico, la provincia Magmática del Atlántico Central en el límite Triásico-Jurásico y los *traps* del Decán en el límite Cretácico-Terciario.

Una de las defensoras más respetadas de la teoría del vulcanismo es Gerta Keller, profesora de Paleontología y de Geología de la Universidad de Princeton. Es experta mundial en fósiles foraminíferos y gran conocedora de los *traps* del Decán en la India. La revista *The Atlantic* publicó en 2018 un reportaje de la periodista Bianca Bosker en el que relata con detalle la historia de las agrias disputas entre los defensores de las dos teorías para explicar la quinta extinción masiva: impacto de un asteroide frente a colosales erupciones volcánicas acaecidas durante un periodo de miles de años.[14] El título del reportaje, *The Nastiest Feud in Science*

---

13 El término *trap* se refiere a colinas rocosas con forma de escalera. Proviene de la palabra sueca para designar escalera: *trappa*.

14 El lector interesado puede conocer más sobre esta historia en el libro de Jones, B. J. T.; Martínez, V. J.; Trimble, V. L. (2024). *The Reinvention of Science. Slaying the Dragons of Dogma and Ignorance*. Nueva Jersey: World Scientific Publishing.

(*La pelea más desagradable de la ciencia*), es revelador y pone de manifiesto la existencia de acciones que han tratado de impedir que la ciencia avance mediante la confrontación de ideas y de evidencias empíricas que permitan incrementar el grado de certeza. Durante décadas, los ataques de los defensores de Alvarez, incluyendo al propio premio Nobel, contra las tesis defendidas por la profesora Keller y otros paleontólogos han sido muy duros, y desde luego, poco respetuosos. Podemos leer en el *New York Times* que se refería a los académicos que trabajan en esta disciplina con expresiones tales como "Realmente no son muy buenos científicos. Son más como coleccionistas de sellos".

Los registros fósiles apuntan a que el papel del vulcanismo debió ser fundamental en la quinta extinción masiva y, muy probablemente, también en las anteriores. En particular, durante la extinción que acabó con los dinosaurios, en la frontera entre el Cretáceo y el Terciario, tuvo lugar en la India una intensa actividad volcánica que duró aproximadamente 300.000 años. Los registros fósiles muestran como muchas especies de seres vivos van desapareciendo gradualmente (y no de repente) a lo largo de ese periodo de tiempo, y solo, al final de ese periodo es cuando se produjo el impacto del asteroide en Chicxulub.

El análisis de los *traps* del Decán (ver Figura 5) llevado a cabo por el grupo de investigadores liderados por Gerta Keller nos presenta un escenario dominado por continuas erupciones volcánicas prolongándose por decenas de miles de años, con flujos continuos de lava y emanaciones de gases tóxicos (azufre, metano, dióxido de carbono) que se distribuirían por la atmósfera, oscureciendo y enfrian-

Figura 5. Los flujos de lava endurecida en los traps *del Decán, en la India occidental, son el vestigio de una intensa actividad volcánica que pudo jugar un papel fundamental en la extinción de los dinosaurios. Fotografía de los* traps *de Decán cerca de Mahabaleshwar, India. Imagen cortesía de Gerta Keller, Departamento de Geociencias, Universidad de Princeton.*

do primero a nuestro planeta, para después calentarlo por efecto invernadero. La posterior lluvia ácida acabaría por destruir gran parte de la vegetación de los bosques y del plancton de los océanos. Finalmente, la erupción de metales pesados (mercurio y plomo) envenenaría los ecosistemas. En el marco de esta teoría, cuando llegó el meteorito, la extinción masiva estaba ya en su recta final.

Esta confrontación entre dos teorías rivales para explicar la extinción de los dinosaurios es un ejemplo paradigmático del proceso en el que avanza la ciencia tal y como lo planteó el filósofo húngaro Imre Lakatos (1922-1974). En su planteamiento del falsacionismo sofisticado ambas teorías confrontadas constituirían programas de investigación científica rivales. Existe una historia interna en la que los protagonistas, los científicos que sostienen cada una de las teorías rivales, bajan a la arena de la discusión intelectual en base a las evidencias y los descubrimientos científicos, pero también existe una historia externa, en la que los aspectos sociológicos, psicológicos y la influencia mediática de los defensores de cada teoría son cruciales para su aceptación mayoritaria, independientemente de su veracidad.

En los últimos años, afortunadamente, ambos programas de investigación han continuado trabajando, volviendo a la arena del debate científico constructivo. Por ejemplo, el grupo de Walter Alvarez publicó en 2015 un estudio en el que consideraba plausible que la mayor parte de las erupciones volcánicas que formaron los *traps* del Decán se hubieran desencadenado como consecuencia del impacto del asteroide en Chicxulub. De este modo ambos acontecimientos devastadores estarían asociados. De hecho, en 2019, la revista *Science* publicó un artículo de un grupo de investigación de Berkeley liderado por Courtney Sprain y Paul Renné en el que se respalda la hipótesis de que el impacto del asteroide en el Caribe desencadenó la actividad sísmica que favoreció las erupciones volcánicas masivas en la India, justo a la otra parte de la Tierra (ambas localizaciones están separadas alrededor de 165 grados en longitud y comparten aproximadamente la misma latitud). Para llegar a esta conclusión, estos autores utilizan técnicas de datación basadas en el argón y concluyeron que el 75% de los torrentes de lava que formaron los *traps* del Decán se produjeron después del impacto, por lo que el asteroide sería el responsable principal de la desaparición de los dinosaurios. En este escenario el vulcanismo generado *a posteriori* jugaría el papel de retardar la recuperación de la biosfera, como sugiere Seth Burgers. Pero en el mismo número de la revista, el grupo de Princeton, en un trabajo firmado como primer autor por Blair Schoene y que incluye a Gerta Keller entre los autores, argumenta que se dieron cuatro grandes periodos de erupciones volcánicas para formar los *traps* del Decán. La primera de ellas ocurrió mucho antes que el impacto del asteroide y que la propia extinción, por lo que sería este evento el que marcaría el inicio.

El debate científico, por tanto, sigue abierto. Hacen falta nuevas evidencias científicas para mejorar las dataciones y así poder determinar con exactitud la línea temporal precisa en la que sucedieron los diferentes eventos devastadores y su responsabilidad en la extinción de los dinosaurios.

6. OTROS MUNDOS COMO LA TIERRA

En enero de 1609, después de algunas noches de observación con su telescopio recién construido, Galileo Galilei (1564-1642) llegó a la conclusión de que el planeta Júpiter tenía cuatro satélites que giraban a su alrededor. Las grandes lunas de Júpiter, que hoy conocemos como satélites galileanos —Ío, Europa, Ganímedes y Calisto— se habían mostrado en el ocular del rudimentario anteojo de Galileo en posiciones relativas respecto al planeta distintas cada noche, mostrando inequívocamente que giraban en torno a Júpiter. Durante algunos días, Galileo fue la única persona del mundo que conocía su existencia.

En enero de 1995, el astrónomo suizo Didier Queloz analizaba en su ordenador los datos obtenidos de las observaciones espectroscópicas llevadas a cabo por él y por su director de tesis, Michel Mayor, de la estrella 51 Pegasi. Le pareció que la estrella presentaba un balanceo que podía ser consecuencia del tirón gravitatorio de un planeta orbitando en torno a ella. Necesitaba más datos para confirmarlo, pero en ese momento él era el único astrónomo del mundo que sospechaba la existencia del primer planeta, más allá del sistema solar, girando en torno a una estrella semejante al Sol.[15] El hallazgo supuso el inicio de un campo de investigación que se ha convertido en uno de los más importantes de la astrofísica contemporánea: los exoplanetas.

Desde que los astrónomos suizos Michel Mayor y Didier Queloz anunciaran, en octubre de 1995, el descubrimiento del primer planeta extrasolar o exoplaneta alrededor de una estrella similar al Sol, diferentes grupos de investigadores de todo el mundo se lanzaron a la caza de planetas orbitando alrededor de estrellas cercanas. En octubre de 2019, la Academia Sueca anunció que este hito científico era merecedor del Premio Nobel de Física de 2019. Desde el descubrimiento de 1995 hasta la fecha se han detectado varios miles de exoplanetas de manera indirecta. Muchos se han descubierto observando los pequeños bamboleos que sufre una estrella como consecuencia del tirón gravitatorio que produce un planeta en órbita. Si la masa del planeta es pequeña, el movimiento de la estrella también será pequeño pero detectable con la instrumentación adecuada. La velocidad de alejamiento o acercamiento de una estrella en la línea visual se conoce como velocidad radial. Se puede medir haciendo

---

15 Con anterioridad, en 1992, se había descubierto un exoplaneta orbitando en torno a una estrella de neutrones o púlsar, conocido como B1257+12.

uso del efecto Doppler: si un objeto luminoso se aleja, el observador percibe su radiación desplazada hacia el rojo (longitudes de onda más largas), mientras que si se acerca, su luz es más azulada al detectarse a longitudes de onda más cortas. Haciendo uso de medidas de la velocidad radial de la estrella con precisiones próximas a 1 m/s se han detectado centenares de planetas en torno a otras estrellas. La mayoría de los planetas detectados de este modo son gigantes, como lo es Júpiter en nuestro sistema solar y, en muchos casos, se puede inferir la existencia de sistemas formados por diferentes planetas orbitando una misma estrella.

Otro de los métodos por el que se están descubriendo exoplanetas consiste en observar la disminución temporal de brillo de una estrella como consecuencia del tránsito del planeta por delante de ella. Con este método, David Charbonneau de la Universidad de Harvard y su equipo anunciaron a principio de 2010 el descubrimiento de un planeta con un radio solo 2,7 veces más grande que el de la Tierra. Probablemente el 50% de la masa de ese planeta es agua que rodea un núcleo de hierro y níquel. No es un planeta como la Tierra, pero sí que representa un paso importantísimo en la apasionante búsqueda de otros mundos semejantes al nuestro.

En 2010, un equipo de astrónomos de la Universidad de California en Santa Cruz y de la Institución Carnegie de Washington anunciaron que habían detectado un planeta potencialmente habitable, girando en torno a una estrella diferente del Sol. Este es el primer exoplaneta detectado en el que sería posible —aunque bastante improbable— que se pudiera desarrollar algún tipo de vida, ya que al parecer se encuentra en la zona de habitabilidad de su estrella. Esta zona es el rango de distancias a la estrella en el que un planeta podría contener agua líquida. Para el sistema solar, es la zona que alberga la órbita de la Tierra. Venus, por estar demasiado cerca del Sol, y Marte, por estar demasiado lejos, quedan fuera de la zona de habitabilidad. En la literatura científica anglosajona, la zona de habitabilidad también se conoce como zona Goldilocks —Ricitos de oro—, ya que en el cuento infantil *Ricitos de oro y los tres osos*, la niña siempre elige el plato que no está ni demasiado frío ni demasiado caliente. La estrella en la que se encontró este planeta se llama Gliese 581 y está a veinte años luz. Tiene seis planetas orbitándola, pero los astrónomos no los han visto, solo han detectado las variaciones periódicas de su velocidad radial y han podido identificar periodos superpuestos correspondientes al tirón gravitatorio de cada uno de los planetas que la rodean. Al parecer, el planeta que estaría en la zona de habitabilidad tarda solo 37 días en girar alrededor de la estrella y, muy probablemente, gire sobre sí mismo en el mismo tiempo: un día duraría como un año en Gliese 581 g, que es así como se llama. La estrella iluminaría siempre la misma cara del planeta. Esa cara estaría muy caliente. En la otra sería siempre de noche y haría mucho frío. Si el planeta tuviera atmósfera, los vientos templarían algo su temperatura, pero eso no lo sabemos. Los resultados en ciencia necesitan ser replicados por otros grupos y solo así se confirman y forman parte del consenso científico. La ciencia avanza de este modo y el escrutinio colectivo es necesario para garantizar la fiabilidad. Al parecer, científicos del Observatorio de Ginebra no encontraron evidencias de la existencia del planeta Gliese

581 g, analizando sus datos, pero al mismo tiempo admitieron "que no podían probar que no existiera". La ciencia es así y no permite titulares apresurados. Serán necesarias muchas más observaciones y análisis de los datos para que el descubrimiento se confirme definitivamente o se marchite en el olvido. De hecho, en la actualidad, la *Enciclopedia de planetas extrasolares*[16] afirma de Gliese 581 tiene solo tres planetas: b, c y e.

El número de exoplanetas descubiertos con diferentes técnicas ha ido creciendo desde entonces, incrementándose mucho con la contribución del telescopio espacial Kepler.[17] Actualmente se han confirmado y se estudian más de 5.000 planetas que giran alrededor de sus estrellas. Casi todos estos planetas se encuentran en la vecindad de nuestro sistema solar. Vecindad aquí hay que entenderlo en el contexto de la inmensidad de la nuestra galaxia, la Vía Láctea, que tiene 100.000 años luz de diámetro. La mayoría de los 5.000 exoplanetas descubiertos se encuentran dentro de una esfera centrada en el Sol con un radio de unos 2.000 años luz. Es decir, si nuestra galaxia fuese un campo de fútbol, se encontrarían a menos de 20 cm (el diámetro del balón) del Sol.

Muchos de los planetas descubiertos, como el de 51 Pegasi, son planetas gigantes y gaseosos como Júpiter y orbitan mucho más cerca de su estrella que Júpiter lo hace del Sol.

---

16 <https://exoplanet.eu/home/>

17 El nombre del telescopio espacial Kepler (ver Figura 7) se debe al astrónomo alemán Johannes Kepler (1571-1630). El método de detección que utiliza este telescopio es de los tránsitos. El telescopio observó centenares de miles de estrellas esperando detectar ligeras disminuciones de su brillo cuando un exoplaneta que orbitara la estrella pasara por delante de ella.

Eso ha facilitado su descubrimiento, ya que el tirón gravitatorio que produce el planeta sobre la estrella es tanto mayor cuanto más masivo sea el planeta y cuanto más cerca se encuentre de su estrella. Pero el uso de otras técnicas de detección, como el análisis de los tránsitos, observando la disminución de brillo que una estrella experimenta cuando un planeta pasa por delante de ella, ha hecho posible que en la lista de planetas descubiertos empiecen a aparecer candidatos semejantes a la Tierra en cuanto a tamaño y composición. Algunos de ellos se encuentran orbitando la zona de habitabilidad de la estrella, es decir, la región orbital donde los planetas pueden retener agua líquida en su superficie: ni demasiado cerca ni demasiado lejos.

El 26 de agosto de 2016, un equipo liderado por el astrónomo catalán Guillem Anglada Escudé, que trabajaba en la Queen Mary University de Londres, anunció el descubrimiento de un exoplaneta, que al parecer es semejante a la Tierra en tamaño y que gira en torno a la estrella más cercana al Sol, Proxima Centauri. Esta estrella se encuentra a 4,2 años luz de distancia (es decir a cerca de 40 billones de kilómetros). No hablamos de miles, ni de centenares, ni si quiera de decenas de años luz. Solo 4,2. Ahí al lado: el vecino del rellano. ¿Es habitable? Todavía no lo sabemos, pero lo podría ser. Proxima Centauri es una enana roja, una estrella más pequeña y más fría que el Sol. Eso permitiría que la radiación que le llega al planeta descubierto por el equipo de Anglada y que tan solo está a 7,5 millones de km de su estrella (un 5% de la distancia de la Tierra al Sol) reciba un nivel de radiación incluso inferior al que nos llega a la superficie de la Tierra desde el Sol, pero quizá suficiente para que el planeta sea habitable.

Figura 6. Concepción artística de una nave Breakthrough Starshot, *un pequeño circuito como una oblea de pocos gramos arrastrado por una vela propulsada por luz láser. Crédito: <https://breakthroughinitiatives.org/>.*

Resulta curioso que solo unos meses antes de la publicación en *Nature* de este descubrimiento, los medios de comunicación y las redes sociales se hicieran eco de un proyecto para hacer llegar una diminuta nave a Proxima Centauri: *Breakthrough Starshot.*[18] El proyecto financiado por el magnate ruso Yuri Milner y por Mark Zuckerberg, fundador

18 <https://breakthroughinitiatives.org>

y CEO de Facebook, cuenta con el apoyo de eminentes astrónomos, siendo el presidente de su consejo asesor el astronómo norteamericano Avi Loeb. Pretende llegar a Proxima Centauri en un viaje interestelar, obviamente no tripulado, en unos veinte años (con la tecnología actual, se tardarían treinta mil). La nave (ver Figura 6) tendría tan solo unos centímetros de tamaño y estaría unida a una gigantesca y finísima vela que sería propulsada por potentes láseres desde la Tierra. Suena a ciencia ficción, pero el proyecto ha echado a andar, y el descubrimiento de Anglada y colaboradores lo hace, si cabe, más oportuno.

7. ¿MEGAESTRUCTURAS ALIENÍGENAS?

A finales de 2015 una estrella de nombre poco romántico, KIC 8462852, se convirtió en tendencia en algunas redes sociales. Es una estrella bastante común, situada en nuestro vecindario galáctico, a unos 1.500 años luz de la Tierra. Nuestra galaxia, la Vía Láctea, tiene 100.000 años luz de diámetro, por lo tanto podemos decir que está "relativamente" cerca.

¿Qué tiene de extraño esta estrella? La misión Kepler estudia las curvas de luz de miles de estrellas próximas con el objetivo de detectar pequeñas disminuciones de brillo que se producen cuando un planeta que orbita la estrella pasa por delante de ella. Esto es lo que los astrónomos llaman un tránsito y hace que la luz de la estrella disminuya ligerísimamente mientras el planeta pasa entre ella y el telescopio que la observa. Desde la Tierra, este fenómeno se puede observar cuando Mercurio o Venus pasan por delante del disco solar. Los tránsitos, sobre todo el de Venus, han sido efemérides astronómicas muy populares y que han tenido un papel importante en la historia de la astronomía, por ejemplo, para determinar con precisión las distancias a los planetas del sistema solar. Como ya se ha explicado la misión Kepler detectó varios miles de exoplanetas durante el periodo que estuvo activa (ver Figura 7). Para analizar las curvas de luz que diariamente observaba, además de potentes ordenadores y programas informáticos, se hizo uso de la colaboración ciudadana.

El programa "Cazadores de planetas–*planet hunters*" está formado por miles de voluntarios que con sus ordenadores desde sus casas analizan los datos de la sonda Kepler y, habiendo recibido el entrenamiento adecuado, tratan de interpretar las curvas de luz. De la de KIC 8462852 han dicho que es caprichosamente extraña e interesante y que presenta un tránsito gigante. El equipo que la estudió haciendo uso de la información de *planet hunters* estaba encabezado por la entonces investigadora postdoctoral en la Universidad de Yale, Tabetha Boyajian (actualmente profesora de la Universidad Estatal de Luisiana). Estudió diferentes escenarios astrofísicos que podrían explicar la extraña curva de luz. Concluyeron que una hipótesis plausible sería un enjambre de cometas catapultados hacia la estrella por el paso de otra estrella cercana. Nuevas observaciones astronómicas se hacían necesarias para comprobar esta hipótesis. Entre tanto, surgió la idea de si la extraña curva de luz es el resultado de gigantes estructuras llevadas a cabo por seres inteligentes de una sociedad tecnológicamente avanzada. En un artículo publicado en 2016, Jason Wright y colaboradores del Center for Exoplanets and Habitable Worlds de Penn State explicaban que las observaciones de la curva de luz eran compatibles con esta interpretación: una esfera de Dyson incompleta. Estas estructuras fueron primero postuladas por el físico y matemático americano de origen británico Freeman Dyson (1923-2020) en 1960 y, según él, podrían haberse diseñado y construido por civilizaciones extraterrestres para aprovechar al máximo la energía de su estrella. Esta hipótesis es la que ha llevado a que la estrella saltara a los medios de comunicación. Investigadores del programa SETI (*Search for Extraterrestrial Intelligence*) apuntaron a la estrella con los radiotelescopios del VLA en Socorro (Nuevo México) para tratar de escuchar, como en la película *Contact* interpretada por Jodie Foster y basada en una novela del gran astrónomo y divulgador norteamericano Carl Sagan (1934-1996), la posible señal de una civilización extraterrestre. De hecho, ya llevó a cabo un intento de escucha con el radiotelescopio ATA del SETI Institute, de menor envergadura, que no detectó nada extraordinario.

La hipótesis de civilizaciones extraterrestres tecnológicamente avanzadas se ha utilizado en otras ocasiones en astronomía. Por ejemplo, el astrónomo norteamericano Percival Lowell (1855-1916) creyó observar canales artificiales en el planeta Marte que, según la hipótesis que él mismo postuló, deberían transportar el agua de los polos a las zonas templadas del ecuador para abastecer a una población marciana en un planeta que languidecía por las condiciones adversas a las que había llegado. Mejores observaciones pusieron de manifiesto que no existían esos canales artificiales en un Marte inhóspito y desértico.

Figura 7. Representación artística del telescopio espacial Kepler observan-do tránsitos planetarios en una estrella distante. Crédito NASA/AMES/ W. Stenzel.

Muy probablemente tras la anómala curva de luz de la estrella KIC 8462852, exista una explicación astrofísica de momento desconocida o mal interpretada. Podrían ser enjambres de asteroides, concentraciones de cometas, o nubes de polvo circumestelares los responsables del oscurecimiento y, por tanto, de las depresiones en la curva de luz. También sería posible que se debieran a variaciones intrínsecas de la luz de la estrella debido a pulsaciones estelares, pero en cualquier caso, si no fuera así y esta vez sí hubiéramos encontrado finalmente a los parientes de E.T., quizá algún día lleguemos a saberlo. Aunque desde luego, para contactar con ellos, si decidimos que es oportuno enviarles un mensaje, habrá que tener paciencia, pues nuestro *whatsapp* interestelar tardará mil quinientos años en llegarles y pasarán otros tantos antes que aparezca en nuestro móvil el doble tic azul.

Cada planeta del sistema solar tiene un color característico. Mercurio es grisáceo, Venus es blanco brillante, la Tierra es azul pálido, Marte es rojo, Júpiter es naranja con bandas blanquecinas y marrones, Saturno es amarillo pálido, Urano es azul turquesa y Neptuno azul marino. Los colores se deben, en la mayoría de los casos, a la composición de la atmósfera del planeta. Las moléculas que constituyen la atmósfera terrestre dispersan o esparcen con mucha más eficiencia los rayos de luz azules que los rojos, por eso la atmósfera terrestre se ve azul tanto desde la superficie de la Tierra como desde el espacio, tal y como la ven los astronautas. En el caso de Urano y Neptuno, la composición de su atmósfera, rica en metano, es también la responsable de su color, mientras que Marte, que carece prácticamente de atmósfera, es rojizo como consecuencia del óxido de hierro que abunda en su superficie. Un estudio llevado a cabo en 2010 por la astrónoma de la NASA Lucy McFadden y una estudiante graduada en UCLA, Carolyn Crow, describe un sencillo modo para distinguir entre los planetas de nuestro sistema solar basándose en la información del color. La Tierra, en particular, destaca entre los demás planetas. Su color la hace especial en comparación con el resto. El estudio propone que, cuando se disponga de la tecnología necesaria para distinguir colores en los exoplanetas —planetas orbitando otras estrellas diferentes del Sol— podrá utilizarse este método para clasificarlos según su color. Planetas que muestren el color azul característico de la Tierra podrían disponer de una atmósfera adecuada para la vida y, por tanto, serán estos los que habrá que estudiar con más detalle.

El telescopio espacial James Webb, que se lanzó al espacio el 25 de diciembre de 2021, está dotado de una instrumentación capaz de analizar las atmósferas de los planetas y buscar en ellas indicadores biológicos. El problema fundamental que hay que salvar para hacer observación directa de un exoplaneta es la luz cegadora de la estrella que lo acompaña. Las exotierras, observadas desde decenas de años luz de distancia, se encuentran a tan poca separación angular de sus estrellas, que parece imposible llegar a distinguir la pequeña mota de luz del planeta. Además, estos instrumentos podrán analizar la luz que proviene de las atmósferas planetarias por medio de espectroscopía y establecer así su composición química. El estudio de las bandas del dióxido de carbono, vapor de agua, ozono y metano servirá para establecer pistas sobre la posibilidad de actividad biológica en la superficie del planeta. Se podría incluso llegar a detectar moléculas orgánicas o signos de clorofila y deducir, por tanto, si existe en el planeta actividad fotosintética similar a la de las plantas en la Tierra y, seguramente, concluiremos, como intuyó Giordano Bruno (1541-1600) hace más de cuatrocientos cuarenta años que "…verdaderamente hay semejanza entre todos los astros y entre todos los mundos y que la misma constitución tienen esta tierra y las otras".

Parte II

Catástrofes estelares

8. EL CIELO NO ES INMACULADO

La humanidad ha considerado durante muchos siglos que el cielo era un ente inmutable e incorrupto, bien diferente de nuestro entorno cercano que es cambiante e impredecible. Aristóteles (384-322 a. e. c.) consagró esta división hablando de las regiones sublunar y supralunar. La primera sería imperfecta y cambiante, mientras que más allá de la Luna, en la región supralunar, nada debería cambiar, siendo el dominio de lo inmutable.

La observación del cielo noche tras noche parece apoyar esta visión. Una vez explicados los movimientos de los astros errantes que se ven a simple vista: Mercurio, Venus, Marte, Júpiter, Saturno, el Sol y la Luna, solamente la aparición esporádica de cometas parecía romper esta visión del mundo. De hecho, la concepción aristotélica considera que los cometas eran fenómenos atmosféricos, semejantes a los meteoros o estrellas fugaces, propios de la región sublunar, aunque otros autores clásicos como Séneca (4 a. e. c. - 65 d. e. c.),

Demócrito (ca. 460-370 a. e. c.) y Anaxágoras (ca. 500 - 428 a. e. c.) se manifiestan defensores del carácter celeste de los cometas. Hoy sabemos que los cometas son pequeños cuerpos del sistema solar formados por acumulaciones de hielo de agua y de dióxido de carbono, mezclados con metano y amoniaco. Miden unos pocos kilómetros y giran alrededor del Sol, siguiendo órbitas elípticas bastante excéntricas. Cuando se acercan al Sol, parte del material se vaporiza y arrastra partículas de polvo que forman una atmósfera brillante denominada cabellera. Debido a la radiación solar y al llamado viento solar, los gases y el polvo de la cabellera salen expulsados lejos del núcleo del cometa y forman una cola que puede llegar a medir más de un centenar de millones de kilómetros.

El astrónomo danés Tycho Brahe (1546-1601) pudo observar el Gran Cometa de 1577, que causó un gran revuelo en Europa aquel año, tal y como se refleja en las crónicas y los grabados de la época. Tycho entendió que el cometa se trataba de un objeto celeste que se movía entre los planetas atravesando las hipotéticas esferas que los sostenían según la cosmología ptolemaica. Este hecho ponía claramente en duda la naturaleza incorruptible e inmutable de los cielos. Cinco años antes, en 1572, había aparecido una nueva estrella en la constelación de Casiopea. Hoy sabemos que se trataba de una supernova que el propio Tycho Brahe estudió en detalle y que también fue observada por el astrónomo valenciano Jerónimo Muñoz (ca. 1520-1591).[19]

---

19 El lector interesado en la figura de Jerónimo Muñoz puede consultar la obra de Navarro Brotons, V. (2019). *Jerónimo Muñoz. Matemáticas, cosmología y humanismo en la época del Renacimiento*. València: Publicacions de la Universitat de València.

De hecho, Muñoz escribió, por encargo del rey Felipe II, un tratado sobre el nuevo astro al que título *Libro del Nuevo Cometa*. Ciertamente Muñoz pensaba que muy probablemente no se tratara de un cometa y, de hecho, escribe: "En ningún autor hallo cometa semejante a este, el cual más me parece estrella que cometa". La estrella nueva, o era un fenómeno propio de la región sublunar, o claramente ponía en entredicho la naturaleza incorruptible del cielo, aceptada durante siglos.

En 1945, el astrónomo americano Walter Baade (1893-1960), estudiando las observaciones de Tycho Brahe y de algunos de sus coetáneos, llegó a la conclusión de que se trataba de una supernova de tipo I. Una supernova de tipo I es la explosión de una enana blanca, una estrella del tamaño aproximado al de la Tierra pero con una masa parecida a la del Sol. La densidad de una enana blanca es enorme —cientos de toneladas por centímetro cúbico—. En muchas ocasiones, las enanas blancas forman parte de un sistema binario, donde la estrella compañera suele ser mucho más grande, pero menos masiva, de forma que la enana blanca arranca material de su compañera como consecuencia de su potente atracción gravitatoria, y gradualmente incrementa su masa. Cuando alcanza la masa de 1,44 veces la masa del Sol —el llamado límite de Chandrasekhar—, la enana blanca explota bajo el empuje de su propia gravedad y esta explosión es una supernova de tipo I (más concretamente de tipo Ia).

En octubre de 2004, la prestigiosa revista británica *Nature* publicaba un trabajo de la doctora Pilar Ruiz Lapuente de la Universitat de Barcelona y su equipo en el que identifican la estrella compañera de la enana blanca que explotó como supernova. Tycho G, que es como se llama, ha sido detectada utilizando varios telescopios en todo el mundo y, en particular, el telescopio William Herschel de 4,2 metros de diámetro, en el Roque de los Muchachos, en la isla de la Palma. Se trata de una estrella similar al Sol, aunque con un radio tres veces mayor. Todo ello refuerza la hipótesis de que el sistema binario explotara como una supernova de tipo Ia. Este tipo de supernovas es, sin duda, uno de los objetos astrofísicos mejor estudiados hoy en día ya que su observación en galaxias remotísimas produjo en 1998 un cambio drástico en nuestra imagen del universo. Esas supernovas se han convertido en una evidencia clara a favor de la expansión acelerada del universo, cuya explicación atribuyen los cosmólogos a la dominancia en el contenido de materia y energía del universo de un componente —al que se ha llamado energía oscura— que actuaría como una gravedad repulsiva, siendo responsable de la aceleración en la expansión cósmica.

A la supernova de Tycho y al Gran Cometa de 1577, le siguieron otras observaciones que hacían necesario el abandono de la concepción aristotélica del cielo inmutable y perfecto. En 1609, Galileo Galilei[20] observó por primera vez el cielo con ayuda de un rudimentario telescopio. Pudo comprobar que la Luna tenía montañas y cráteres, su superficie era irregular e imperfecta. El Sol presentaba manchas en su superficie que aparecían y desaparecían. Todo ello contradecía la visión aristotélica de que los cuerpos celestes eran perfectamente esféricos y regulares.

---

20 Hall, A. R. (1963). *From Galileo to Newton*. Nueva York: Harper & Row.

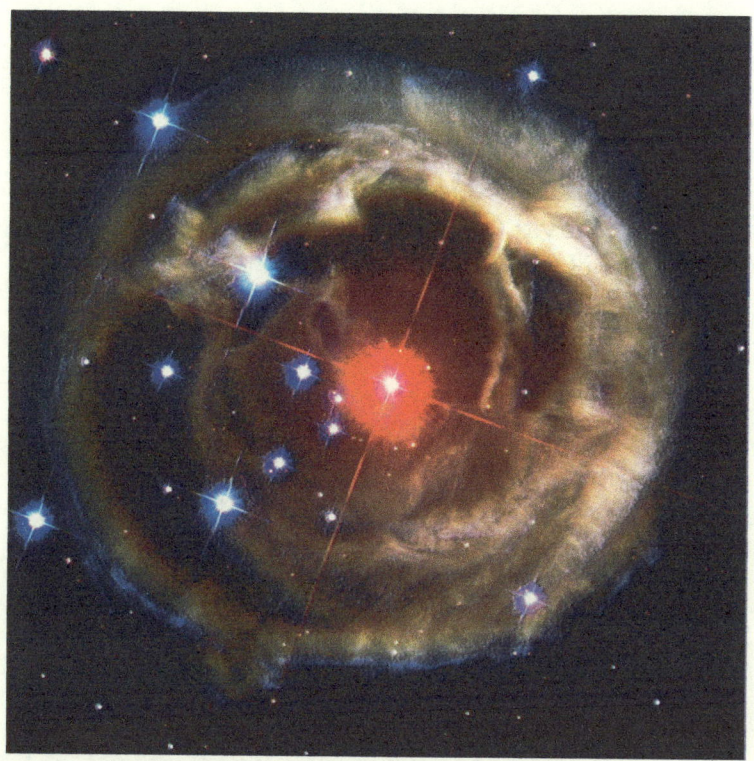

Figura 8. Los ecos de luz en las envolturas gaseosas de la estrella V838 Monocerotis en diferentes instantes desde el 2002 hasta el 2005. NASA, ESA and the Hubble Heritage Team (STScI/AURA).

Hoy los astrónomos son capaces de registrar fenómenos astronómicos que ponen en evidencia la evolución cósmica de diferentes astros. El astrónomo aficionado inglés John Goodricke (1764-1786) descubrió en el año 1784 que la estrella delta Cephei presentaba un brillo variable. Al observar esta estrella durante algunas noches consecutivas, Goodricke se percató de que el brillo aparente subía, alcanzaba un máximo y luego iba decreciendo con más lentitud hasta llegar a un punto en el que volvía a ascender. A partir de entonces se descubrieron muchas más estrellas variables que recibieron el nombre genérico de cefeidas. A principios del siglo xx, la astrónoma norteamericana Henrietta Swan Leavitt (1868-1921) mostró que existía una relación entre el periodo de variabilidad de las cefeidas y su brillo o magnitud intrínseca, siendo esta relación de gran utilidad para establecer distancias cósmicas.

El telescopio espacial Hubble mostró, en observaciones llevadas a cabo del 2002 al 2005, los cambios dramáticos que, en el transcurso de ese tiempo, había experimentado la envoltura de nubes de gas y polvo que rodean a la estrella V838 Monocerotis, situada a veinte mil años luz de la Tierra. Algún tipo de explosión envió las envolturas gaseosas de la estrella al medio interestelar. Estas se están expandiendo. La luz de las últimas explosiones de la estrella viaja hacia al polvo que conforma las capas externas y desde allí se refleja hacia la Tierra. Como consecuencia de este camino indirecto, la luz reflejada por las envolturas tarda algunos meses más en llegar a la Tierra que la que procede directamente de la estrella. Los astrónomos llaman eco de luz a este fenómeno que nos permite observar la evolución temporal de la expansión de las nubes de polvo y gas.

9. MÁS RÁPIDO, MÁS ALTO, MÁS FUERTE

Las estrellas nacen y mueren, y el Sol no es ninguna excepción. El Sol se formó en el interior de una nube de gas y polvo hace unos cinco mil millones de años. Dentro de aproximadamente el mismo tiempo, el Sol habrá transformado casi todo el hidrógeno de su núcleo en helio, en un proceso que llamamos fusión nuclear y que mantiene a nuestra estrella como productora de energía. En esa fase, el núcleo estelar se contraerá, mientras que la envoltura de gas se irá extendiendo, de modo que el Sol aumentará de tamaño y su temperatura disminuirá: se irá convirtiendo en una gigante roja. Más tarde se consumirá el helio del núcleo, el viento estelar irá expulsando gran parte de las capas externas y en el interior quedará una enana blanca. Las enanas blancas son estrellas muy calientes, con un radio similar al de la Tierra, pero con una masa del orden de la masa actual del Sol. Las envolturas gaseosas que rodean a la enana blanca se expandirán. El conjunto constituirá una nebulosa planetaria semejante a muchas de las que observamos hoy en el cielo. La enana blanca que reside en el interior de la nebulosa emite radiación ultravioleta que hace brillar, como en los tubos fluorescentes, las diferentes capas gaseosas que fueron expulsadas. El hidrógeno, el nitrógeno, el oxígeno y otros gases que conforman las envolturas externas emiten luz visible, pero cada uno de ellos con un color característico, de ahí la extraordinaria belleza de las nebulosas planetarias, auténticos mausoleos cósmicos donde reposan los restos de estrellas, semejantes a nuestro Sol, que murieron hace millones de años. La evolución estelar nos enseña que una misma estrella cambia de tamaño y que ya al nacer pueden tener un tamaño muy diferente unas de otras.

Como hemos indicado, el Sol ha vivido cinco mil millones de años; le quedan otros tantos años de vida como una estrella estable. Cuando su vida como estrella activa esté llegando a su fin se convertirá primero en una gigante roja. Su radio alcanzará la órbita de Venus y más tarde expulsará las capas externas de hidrógeno y helio, dejando en el centro una estrella muy densa y caliente, seguramente una enana blanca, formada por carbono y oxígeno. El material eyectado (más del 50% de la masa de la estrella) se expandirá por el medio interestelar a varias decenas de km/s y quedará iluminado por la radiación ultravioleta de la estrella central. El Sol se habrá convertido en una nebulosa planetaria. Quién sabe si algún observador en nuestra galaxia podrá gozar de su esplendor.

El lema olímpico en latín *Citius, altius, fortius* que podemos traducir como "más rápido, más alto, más fuerte" nos re-

Figura 9. Recreación artística donde se aprecian los tamaños de diferentes estrellas, incluidas el Sol y la supergigante R136a1. Crédito: ESO/M. Kornmesser.

cuerda el interés que despierta el hecho de batir un récord, ya sea en los deportes o en los descubrimientos científicos. La estrella más grande, la galaxia más lejana, la explosión más colosal son reclamos que aparecen en titulares de prensa con relativa frecuencia. No es de extrañar que en 2010, al hacerse público que se había descubierto la estrella más masiva conocida hasta la fecha (sigue siéndolo), la noticia saltara a diferentes medios de comunicación, y apareciera —al menos durante algunas horas— como la más leída en sus ediciones digitales. Un equipo de astrónomos dirigido por Paul Crowther, profesor de Astrofísica de la Universidad de Sheffield, en Reino Unido, había utilizado el Very Large Telescope (VLT) en Chile, así como información de archivo del telescopio espacial Hubble, para mostrar que habían descubierto las estrellas más masivas conocidas hasta ese momento. La mayor de todas, que tiene el anodino nombre de R136a1 (más propio de los androides de *Star Wars*), pesó al nacer 320 masas solares (ver Figura 9). En el momento en el que ha sido observada su masa se había reducido a 265 veces la masa[21] del Sol, ya que ha transcurrido algo más de un millón de años desde su nacimiento. Como explicaba el profesor Crowther, "estas estrellas, al contrario que a los humanos, pierden peso con la edad, ya que parte de su masa es expulsada en forma de potentes vientos estelares". Este monstruo estelar es millones de veces más luminoso que el Sol. Las estrellas tan masivas se forman únicamente en entornos extraordinariamente densos, muy diferentes a nuestro —relativamente apacible— entorno cósmico. Si R136a1 estuviera a la distancia de la estrella más cercana a la Tierra, Proxima Centauri, brillaría prácticamente como la Luna llena y haría muy diferente nuestro cielo nocturno.

---

21 Las estimaciones de 2022 fijan su masa en el intervalo de 170 a 230 la masa del Sol.

10. LOS PILARES DE LA CREACIÓN

E l 24 de abril de 1990 se puso en órbita el telescopio espacial Hubble. Sin duda alguna, este telescopio ha proporcionado resultados científicos muy valiosos durante el tiempo que ha estado observando el universo desde su atalaya espacial, a 600 km de la superficie terrestre. El Hubble nos ha desvelado importantes secretos que se ocultaban en el universo, pero sobre todo ha sido un ejemplo de un proyecto científico bien dirigido, aunque no exento de problemas, ya que al poco tiempo de estar operativo en su órbita, los responsables de este instrumento espacial se dieron cuenta de que el espejo primario del telescopio de 2,4 m de diámetro presentaba un defecto de pulido que no había sido corregido en tierra y producía imágenes borrosas. Se decidió entonces reparar el telescopio *in situ*. A finales de 1993, una expedición de astronautas a bordo del transbordador Endeavour le puso *gafas* al Hubble y, desde entonces, esta ventana al universo no ha dejado de asombrarnos, recompensando el esfuerzo y la tenacidad de un gran equipo humano.

Muchas de las imágenes astronómicas que el telescopio Hubble ha captado se han convertido ya en iconos culturales. Así, por ejemplo, la imagen de los Pilares de la Creación en la nebulosa del Águila situada en la constelación de Ofiuco apareció en numerosos medios de comunicación en 1995 (ver Figura 10). Su innegable belleza le ha proporcionado una fama considerable entre todas las imágenes del Hubble. Muestra lo que los astrónomos llaman glóbulos gaseosos en evaporación. Estos emergen en la parte superior de los enormes pilares de polvo y gas que parten de la nebulosa, que está asociada a su vez a un cúmulo estelar abierto conocido como M16 y situado a unos seis mil quinientos años luz de nuestro sistema solar y en el que abundan las estrellas jóvenes. De hecho, son algunas de estas estrellas, calientes y brillantes, las que mediante la radiación ultravioleta que emiten, empujan el gas menos denso a los extremos de los pilares, formando corrientes de gas fantasmagóricas, en un proceso que se conoce como fotoevaporización, dejando al descubierto los glóbulos gaseosos a los que hacíamos referencia, ya que estos son más densos que su entorno. En la imagen podemos apreciar como algunos de estos glóbulos permanecen unidos a los extremos de la columna de gas, como pequeños brotes en un árbol, mientras que otros ya se han separado y destacan como singulares lágrimas cósmicas. Los pilares, auténticas estalagmitas de gas interestelar y con extensiones de varios años luz, presentan una densidad suficiente para que se formen nuevas estrellas en su interior. Estas continúan cre-

Figura 10. Los Pilares de la Creación. Una región de formación estelar en la nebulosa del Águila donde se aprecian los glóbulos gaseosos en evaporación, embriones de nuevas estrellas. Imagen del telescopio espacial Hubble, a la izquierda, e imagen del telescopio espacial James Webb, a la derecha. Crédito: NASA, ESA, CSA, STScI, Hubble Heritage Project (STScI, AURA). Procesamiento de la imagen: Joseph DePasquale (STScI), Anton M. Koekemoer (STScI), Alyssa Pagan (STScI).

ciendo conforme captan más material de su entorno. Jeff Hester, de la Universidad del Estado de Arizona, explicaba que las imágenes del Hubble permitían hacer arqueología cósmica para desvelar el nacimiento de las estrellas. La luz ultravioleta hace la "excavación" por nosotros, dejando al descubierto el proceso de formación estelar. Cuando la fotoevaporización limpia el entorno de un glóbulo gaseoso del material circundante, la estrella ya no crece más.

Una imagen tan icónica no podía no repetirse por el sustituto del telescopio espacial Hubble, el telescopio espacial James Webb que, lanzado el 25 de diciembre de 2021 y cuya primera imagen se dio a conocer el 11 de julio de 2022, observa en el infrarrojo cercano. En estas longitudes de onda el polvo interestelar[22] es más transparente que en el rango del visible en el que observaba el Hubble, por eso en la imagen del Webb los pilares no son tan opacos como en la del Hubble y se pueden apreciar muchas más estrellas rojas en proceso de formación en su interior (ver Figura 10). El brillo carmesí, semejante a eyecciones de lava, que se aprecia en los extremos de los pilares es el resultado del choque de chorros que emanan de estrellas en formación con el polvo y el gas circundante.

---

22 El polvo, pese a recibir este nombre, está formado en realidad por partículas que, por su tamaño, se parecerían más al humo: granos de silicatos y geles con dimensiones inferiores a una micra.

11. MAUSOLEOS ESTELARES

En 1779, el astrónomo francés Antonie Darquier (1718-1802) descubrió,[23] por casualidad, un objeto que conocemos como nebulosa del Anillo utilizando para ello un pequeño telescopio refractor. La describió diciendo que se trataba de "una nebulosa pálida, pero perfectamente delineada; es tan grande como Júpiter y parece un planeta apagándose". Fue el descubridor del planeta Urano, del que hemos hablado en el capítulo primero, William Herschel, quien en 1784 acuñó el término de "nebulosa planetaria" para designar esta clase de objetos, quizá por la influencia de la descripción de Darquier. Hoy sabemos

---

23 En realidad, la nebulosa del Anillo la había descubierto dos semanas antes el también astrónomo francés Charles Messier (1730-1817), autor del catálogo de ciento diez objetos extensos conocido como catálogo de Messier. La nebulosa del Anillo es el objeto 57 (M57) de este catálogo. Darquier la encuentra cuando busca el cometa Bode siguiendo las indicaciones de un artículo de Messier.

que no tienen nada que ver con los planetas. De hecho, las nebulosas planetarias, como hemos visto en el capítulo 9, son el resultado de las últimas etapas de la evolución estelar de una estrella como el Sol o que, como mucho, tenga ocho masas solares.

Para apreciar los detalles de estas fascinantes estructuras cósmicas conviene hacer exposiciones con diferentes filtros. La imagen de la nebulosa del Anillo que mostramos en la Figura 11 es el resultado de un total de veintidós horas de exposición llevadas a cabo con dos telescopios del Centro Astronómico Hispano en Andalucía (el Observatorio de Calar Alto en Almería). El 20% de ese tiempo son exposiciones realizadas con el telescopio más grande del Observatorio, cuyo espejo primario tiene un diámetro de 3,5 metros. El resto del tiempo corresponde al telescopio de 1,23 metros. Haciendo uso de los diferentes filtros, se obtiene una imagen en color de la nebulosa. El procesado de la imagen lo ha llevado a cabo Vicent Peris, que trabaja en el Observatori Astronòmic de la Universitat de València. Esta imagen permite distinguir los detalles del interior de la nebulosa. El procesado se ha ejecutado con rigor y paciencia haciendo uso del *software* de procesamiento de imágenes PixInsight, desarrollado por la empresa valenciana Pleiades Astrophoto, S.L. Estos algoritmos reducen el ruido de la imagen, pero lo más importante es que, mediante la aplicación de técnicas de compresión del rango dinámico, permiten apreciar muchos detalles de la imagen que de otra forma pasarían inadvertidos. Estas técnicas están basadas en las ondículas (*wavelets* en inglés). Mediante esta herramienta matemática, la imagen se procesa de modo que se preservan simultáneamente detalles y estructuras de diferentes escalas y en un amplio rango de brillo. De alguna manera, las ondículas actúan como un microscopio que permite ser ajustado a cada parte de la imagen con los aumentos óptimos para que nos revele el máximo de información. Las ondículas se utilizan en muchos campos científicos: obviamente en teoría de la señal, pero también en física, astronomía, acústica, etc. Fueron utilizadas con sorprendente éxito en la película de Disney-Pixar, *Bichos* (*A bugs life*), de modo que al hacer ampliaciones sucesivas de un fotograma en el que, por ejemplo, se veía una planta, cada vez se aprecian intrincados detalles que son propios de la escala a la que se está observando: las ramas, las hojas, los brotes, una gota de rocío, etc.

De manera similar, en las imagen de la nebulosa del Anillo, procesada utilizando las ondículas, podemos apreciar detalles y colores que quedan escondidos en otras imágenes del mismo objeto obtenidas con otros procedimientos. El procesado nos permite descubrir estructuras que de otra forma quedan ocultas. Obsérvese, por ejemplo, la nitidez de la enana blanca en el interior de la nebulosa. Se puede comparar su color blanco azulado con el color rojizo de otra estrella próxima en la imagen pero que nada tiene que ver con la nebulosa planetaria.

Las diferentes envolturas gaseosas con sus formas intrincadas y colores característicos se nos muestran con un nivel de detalles sin precedentes en fotografías tomadas hasta la fecha de la nebulosa del Anillo desde observatorios terrestres. En la imagen se aprecian además numerosas galaxias distantes. La más espectacular se distingue en la esquina superior derecha. Se trata de la galaxia espiral barrada IC

Figura 11. La nebulosa del Anillo. Crédito: Vicent Peris (DSA / OAUV / PixInsight), Jack Harvey (DSA / SSRO), Steve Mazlin (DSA / SSRO), José Luis Lamadrid (DSA / ceFca), Ana Guijarro (CAHA), RECTA, DSA.

1296, que se encuentra cien mil veces más lejos que la nebulosa. Otras galaxias más remotas se observan con sus discos enrojecidos. En algunos casos, el procesado de la imagen nos permite apreciar incluso su estructura espiral.

La imagen fue seleccionada por la NASA como Fotografía Astronómica del Día (APOD en sus siglas en inglés) el 6 de noviembre de 2009 y en la página de noticias del *National Geographic*. Es una más de una serie de imágenes que el Observatorio de Calar Alto (Almería) decidió tomar para constituir un fondo documental fotográfico. Participaba también en este proyecto la Red de Espacios de

Divulgación Científica y Técnica de Andalucía (RECTA), una iniciativa de la Junta de Andalucía que coordinaba las actividades que fomentan la difusión de la cultura científica entre los ciudadanos. Pero lo más importante es que esta imagen se enmarca en el espíritu y la práctica de la Escuela Documentalista de Astrofotografía, que postula la no manipulación de las imágenes para añadir información no contenida en las mismas. Esta línea de pensamiento queda reflejada en la declaración fundacional de esta escuela donde "se considera que solo son válidos y admisibles como procedimientos para el procesamiento de las imágenes aquellos que tienen una base documental. Se entiende como criterio documental el que tiene la intención de comunicar una o varias propiedades del objeto celeste fotografiado como parte de la naturaleza que es". Sin duda alguna, la majestuosidad de la imagen de esta nebulosas planetaria aún resulta más impactante si consideramos que se ha seguido escrupulosamente este principio.

La nebulosa del Anillo ha sido otro de los objetos celestes que ha observado con detalle el telescopio espacial James Webb. En las imágenes de M57 captadas por las dos cámaras infrarrojas a bordo de este telescopio y publicadas en agosto de 2023, se muestran detalles de esta nebulosa planetaria que no se habían visto con tal nitidez en estudios previos. La cámara que observa en el infrarrojo cercano ha explorado la intrincada estructura que forman los filamentos del anillo interior, mientras que la cámara en el infrarrojo medio ha revelado los detalles de unos diez arcos concéntricos exteriores que se formaron como consecuencia de la interacción gravitatoria de la estrella central, camino de convertirse en una enana blanca, con una

compañera de baja masa que orbita a unos cinco millones de kilómetros de ella. Curiosamente, también el James
Webb observó, con una resolución sin precedentes, las dos
estrellas que se ven en interior de la Nebulosa del Anillo
Austral (NGC 3132), también conocida como la Nebulosa
de los Ocho Estallidos. Una, la más débil, pero extraordinariamente caliente, es la estrella que dio lugar a la nebulosa
eyectando sus capas externas. Su radiación hace que el gas
expulsado resplandezca por fluorescencia. La otra es una
estrella más brillante y mucho menos evolucionada que
eventualmente, con el paso del tiempo, acabará también
formando su propia nebulosa planetaria.

12. FAROS CÓSMICOS

E s sabido que el químico, ingeniero y empresario Alfred Nobel (1833-1896) inventó la dinamita. En realidad, registró centenares de patentes. Con sus inventos y su explotación comercial amasó una importante fortuna. A su muerte destinó prácticamente la totalidad de su legado a la dotación de los famosos premios que llevan su apellido. Según su testamento, fechado el 27 de noviembre de 1895, los intereses de ese capital deberían ser anualmente distribuidos en forma de premios entre aquellos que hubieren proporcionado el mayor beneficio a la humanidad.

Exactamente setenta y dos años y un día después de que Nobel firmara su testamento, la joven doctoranda de la Universidad de Cambridge Jocelyn Bell observó el primer púlsar. El descubrimiento lo llevó a cabo con un radiotelescopio que ella misma había ayudado a construir, junto con un grupo de estudiantes y técnicos, trabajando bajo la dirección del profesor Antony Hewish del Mullard Radio Astronomy Observatory, que era también su director de tesis.

El radiotelescopio estaba constituido por una serie de antenas formadas por alambres entrelazados (ver Figura 12), enganchados a estacas clavadas en el suelo y situadas adecuadamente en una extensión de unas dos hectáreas. El receptor del radiotelescopio grababa las señales en papel continuo, imprimiendo 30 metros por día de observación. Posteriormente, Jocelyn Bell debía analizar estos datos concienzudamente. El objetivo del radiotelescopio era el estudio de los cuásares, fuentes de radio muy compactas recientemente descubiertas. Las antenas eran sensibles al centelleo de la radiación procedente de los cuásares provocado por partículas cargadas del medio interplanetario, algo similar al centelleo de las estrellas cuando estas se observan a simple vista a través de la atmósfera. Bell detectó durante el verano de 1967 una extraña señal que se repetía ocasionalmente y que ella llamó *a bit of scruff*. La palabra inglesa *scruff*, además de traducirse por el sustantivo *nuca* o *pescuezo*, se utiliza coloquialmente para referirse, por ejemplo, a una persona desaliñada. Este era el uso que Bell hacía del término, ya que la señal resultaba muy extraña.

Decidió mejorar la sensibilidad de los registros del radiotelescopio. A finales de noviembre pudo comprobar que la señal estaba constituida por una serie de pulsos separados exactamente 1,3 segundos cada uno del siguiente. Procedían siempre del mismo lugar del cielo y, además, cada día la señal aparecía cuatro minutos antes que el día anterior, es decir, lo hacía periódicamente siguiendo el tiempo de las estrellas, lo que los astrónomos llaman tiempo sideral y no siguiendo el tiempo solar que miden nuestros relojes. Este hecho confirmaba que no debería ser una señal periódica producida por una actividad humana regular.

Al principio Hewish y Bell llamaron a esa señal LGM1, las iniciales de *Little Green Man* (hombrecillo verde) ya que llegaron a pensar que podían estar detectando señales de alguna civilización extraterrestre que trataban de enviar un mensaje. Conforme aparecieron otras señales procedentes de otras regiones del cielo, abandonaron esta hipótesis y entendieron que estaban ante un fenómeno astrofísico desconocido hasta la fecha. A finales de enero de 1968 Hewish, Bell y tres coautores más enviaron un artículo a la revista *Nature*, relatando el descubrimiento de los púlsares. Hewish y su colega de Cambridge, también radioastrónomo, Martin Ryle, compartieron el Premio Nobel de Física en 1974. Jocelyn Bell se quedó fuera. Ella nunca se quejó. Más tarde explicaba: "Podría decirse que mi condición de estudiante y quizás mi género me perjudicaron respecto a la concesión del Premio Nobel, que fue otorgado al profesor Antony Hewish y al profesor Martin Ryle. En ese momento, la ciencia todavía se percibía como una actividad llevada a cabo (solo) por hombres distinguidos".

Y, ¿qué son los púlsares? Son estrellas de neutrones que giran muy rápidamente produciendo un intenso campo magnético. Las estrellas de neutrones son restos del colapso de estrellas muy masivas (que contienen entre diez y treinta veces la masa del Sol). Las capas externas son expulsadas en una explosión de supernova, el núcleo forma

Figura 12. Jocelyn Bell en 1967, junto con el radiotelescopio de la Universidad de Cambridge que ella mismo ayudó a construir y con el que descubrió los púlsares. Crédito: Jocelyn Bell Burnell.

una estrella de neutrones, que típicamente tiene unos 10 km de diámetro y contiene entre 1,4 y 2,16 masas solares. Son extraordinariamente densas. Además, algunas de ellas giran tan rápidamente que la velocidad en su superficie es del orden de 70.000 km/s. Son los púlsares. La radiación electromagnética se concentra en haces en torno a los polos magnéticos del púlsar. Si estos haces alcanzan la Tierra, se detectan como la luz de un faro, pero con periodos que oscilan desde unos pocos segundos (como el púlsar descubierto por Bell Burnell) a unos pocos milisegundos.

Jocelyn Bell Burnell ha recibido muchos otros premios y honores a lo largo de su dilatada carrera científica. En 2015 recibió la Medalla de Oro del Consejo Superior de Investigaciones Científicas (CSIC), en 2017 fue investida doctora *honoris causa* por la Universitat de València y unos años más tarde se le concedió el premio Special Breakthrough Prize in Fundamental Physics, dotado con tres millones de dólares, es decir, una dotación casi tres veces superior a la del prestigioso Premio Nobel. La concesión se debe a la detección de señales de radio de estrellas de neutrones superdensas y de giro rápido, y a una trayectoria de liderazgo científico inspirador. Bell decidió donar generosamente el premio para que se doten becas que permitan estudiar Física a personas procedentes de grupos insuficientemente representados, ya que Jocelyn Bell Burnell está convencida de que incrementar la diversidad en Física puede proporcionar grandes beneficios en el futuro.

Quizá sea ahora el momento de que el comité Nobel corrija el error cometido hace cinco décadas y, finalmente, le conceda a Jocelyn Bell el merecido premio. La comunidad científica lo celebraría.

Algunos púlsares se han encontrado en el interior de los remanentes de explosiones de supernovas, de las que hablaremos en el próximo capítulo. El primer púlsar hallado en este entorno fue el púlsar de la nebulosa del Cangrejo (PSR B0531+21 o estrella de Baade). La nebulosa del Cangrejo es el objeto número 1 del catálogo de Messier (M1) y se encuentra en la constelación de Tauro. Es el remanente de una supernova cuya explosión fue observada por astrónomos chinos el 4 de julio del año 1054. Así consta en los anales que relatan la historia de la dinastía Sung: "un día de *chi-chhou* del quinto mes del primer año del período de reinado de Chih-Ho apareció una 'estrella invitada' varias pulgadas al sudeste de Thien-Kuan (Aldebarán). Después de más de un año, gradualmente se desvaneció".

El brillo de la supernova fue inicialmente cuatro veces superior al del planeta Venus. La nueva estrella fue visible con luz diurna alrededor de 23 días y durante 653 días se pudo distinguir a simple vista en el cielo nocturno. Después dejó de observarse a ojo desnudo. Siglos más tarde, en 1731, el remanente de la explosión fue descubierto por John Bevis (1695-1771) (aparece en su atlas estelar *Uranographia Britannica*). Charles Messier lo redescubrió en 1758 buscando el cometa Halley.

El púlsar del Cangrejo tiene un periodo de rotación de 33 milisegundos. Esto quiere decir que en 1 segundo lleva a cabo 30 revoluciones sobre su eje de rotación. Las estrellas de neutrones tienen un intenso campo magnético (billones de veces superior al de la Tierra). No solo están formadas por neutrones, también contienen protones y electrones que sostienen el campo magnético. Estas partículas, aceleradas a velocidades extremadamente altas, emiten radiación mientras giran alrededor de las líneas del campo magnético. Esta radiación, que recibe el nombre de sincrotrón, se ha detectado como un humo blanquecino en las impresionantes imágenes de la nebulosa del Cangrejo tomadas por el telescopio espacial James Webb y hechas públicas a finales de octubre de 2023.

13. SUPERNOVAS

Parece una conspiración cósmica. Desde que se inventara el telescopio no ha habido ninguna explosión de supernova en nuestra galaxia visible desde la Tierra. Sí que las ha habido en otras galaxias cercanas y, por supuesto, en muchísimas galaxias lejanas, pero la última supernova que explotó en la Vía Láctea se observó hace más de cuatrocientos años. Eran los tiempos de Johannes Kepler y Galileo Galilei. Ellos y sus coetáneos pudieron disfrutar de un espectáculo que no se ha vuelto a repetir: ver a simple vista una nueva estrella en nuestra galaxia. Muy pocos años antes, en 1572, el astrónomo valenciano Jerónimo Muñoz pudo observar otra. Importantes astrónomos de la época, como el danés Tycho Brahe, la estudiaron con detalle. Muñoz llevó a cabo observaciones sistemáticas y escribió, como se ha explicado anteriormente, un tratado titulado *Libro del Nuevo Cometa*. Brahe, en cambio, la consideró una nueva estrella, pero alabó las observaciones de

Muñoz. Cuando una estrella explota como supernova en nuestra galaxia, se puede llegar a ver incluso a la luz del día y domina el cielo nocturno por algunas semanas o meses.

Las estrellas se mantienen estables porque se da un equilibrio entre la tendencia gravitatoria a hacer que el astro colapse y la presión térmica y de radiación debida al proceso de fusión nuclear que tiene lugar en su interior y que tiende a expulsar las envolturas hacia fuera. Mientras existe combustible nuclear para alimentar estas reacciones el balance perdura, pero llega un momento que este se acaba. Las reacciones de fusión que mantienen estable la estrella van produciendo elementos químicos cada vez más pesados, el hidrógeno se transforma en helio y, progresivamente, en otros elementos como carbono, nitrógeno, oxígeno, silicio y hierro. Más allá del hierro la fusión consume energía en vez de liberarla y, por tanto, cesan las reacciones termonucleares que mantienen la estrella. Esta entra en crisis y colapsa. El rebote de las capas externas con el núcleo interno produce una onda de choque que se propaga hacia fuera y proyecta al espacio interestelar las envolturas de la estrella en forma de supernova. Parte de este material expulsado se puede observar incluso miles de años después de la explosión como un remanente difuso.

Uno de los remanentes más grandes de supernova que se observan en el cielo se encuentra en la constelación del Cisne. Se trata de la nebulosa del Velo que reproducimos en la Figura 13. La explosión de la estrella que lo ocasionó tuvo lugar entre el año 6000 y el 3000 a. e. c., de modo que las civilizaciones antiguas del neolítico pudieron observarla. Brillaría como la Luna en fase creciente. La onda de choque se movía inicialmente a centenares de miles de

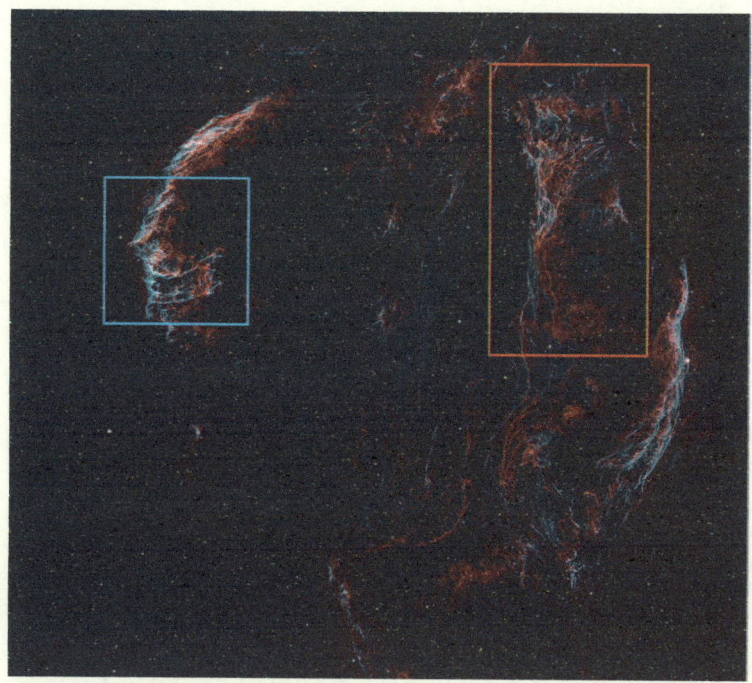

Figura 13. La nebulosa del Velo, donde se han marcado dos regiones: en rojo, el triángulo de Fleming y, en azul, una porción de NGC6995. Cortesía de Martin Pugh.

kilómetros por hora, horadando y calentando el gas circundante a millones de grados. El medio interestelar fue frenando paulatinamente la expansión, formando nebulosidades de formas retorcidas que nos recuerdan tenues cirros en el cielo o el humo de una hoguera al mezclarse con el aire. Diminutos filamentos que todavía brillan al enfriarse el gas que los constituye y cuya emisión revela la presencia de oxígeno, azufre e hidrógeno. La nebulosa se encuentra a mil quinientos años luz de la Tierra y cubre un área del cielo de tres grados en diámetro, es decir, aproximadamente seis veces el diámetro de la Luna llena.

La nebulosa fue descubierta en 1784 por William Herschel, del que hablamos en el primer capítulo. Una de las regiones que forman la nebulosa del Velo recibe el nombre de triángulo de Pickering, pero no fue Edward Charles Pickering (1846-1919), director del Harvard College Observatory, su descubridor, sino que fue Williamina Fleming (1857-1911), que trabajaba para él en el Observatorio. Williamina, de origen escocés, había emigrado a Boston junto a su marido, que la abandonó estando ella embarazada. Se puso a trabajar como empleada de hogar en la casa de Pickering, que finalmente la contrató para el Observatorio junto con otras mujeres. Este grupo de mujeres —las computadoras de Harvard— realizó un trabajo excepcional analizando miles de placas fotográficas e infinidad de espectros estelares. El sistema de clasificación estelar iniciado por Fleming y completado por otras mujeres del grupo como Antonia Maury (1866-1952) y, fundamentalmente, Annie Jump Cannon (1863-1941) se utiliza todavía hoy en día: divide las estrellas en siete clases espectrales en función de su color (relacionado con su temperatura superficial) y su composición química. Fleming además descubrió una nebulosa oscura, la de la Cabeza de Caballo, en una fotografía que había realizado el hermano de Edward Pickering, William Henry, del que hemos hablado en el capítulo 4.

Al quitar los velos que cubren los trabajos o los descubrimientos de algunos astrónomos, aparecen muchas veces sus verdaderas autoras, brillantes astrónomas que en la mayoría de los casos no recibieron el merecido reconocimiento en vida.

14. LA EXPLOSIÓN MÁS BRILLANTE

H ace 7.500 millones de años tuvo lugar una explosión colosal en un lugar recóndito del universo. Posiblemente fue una estrella que, en su último espasmo, provocó el suceso. Aún faltaban más de 2.000 millones de años para que se formara una estrella lejana, alrededor de la que orbitaría un planeta al que algunos de sus habitantes llamarían Tierra.

Aquella fenomenal explosión liberó durante unos segundos una energía equivalente a la de cientos de miles de galaxias, cada una de ellas con miles de millones de estrellas. Esta energía, en forma de radiación de todas las longitudes de onda (luz visible, ondas de radio, rayos gamma...), empezó a viajar a la velocidad de la luz en dos direcciones opuestas, a modo de un chorro que perforó el entorno anteriormente plácido del sistema recién desaparecido. Si en alguno de aquellos desgraciados sistemas estelares existía vida, podemos estar seguros de que el increíble brillo que aquel día vieron en el cielo fue su último recuerdo, hace 7.500 millones de años.

Es 19 de marzo de 2008. A las siete de la mañana la ciudad de Valencia se despereza, después del castillo de fuegos artificiales de la noche anterior, mientras los noctámbulos más recalcitrantes se mezclan con los falleros y los músicos que preparan la última despertada de las fallas de 2008. Poco saben que el eco del petardo cósmico más grande de la historia está a punto de atraparlos sin que ni tan siquiera se percataran de ello.

Aquella noche la Luna, casi llena, se había puesto a las seis de la mañana. Exactamente una hora después, el Sol empezaba a asomar por el este, sobre el horizonte. Si en aquel momento alguno de los músicos que afinaban sus instrumentos para el pasacalle matutino hubiera levantado la cabeza para mirar a lo más alto del cielo habría podido ver durante unos segundos que un objeto aparecía en el firmamento para apagarse en seguida. Seguramente lo atribuiría al alcohol, al cansancio de la noche o al agotamiento acumulado en demasiadas noches de fallas, y lo olvidaría poco después.

Este músico, o cualquier otra persona que aquel día, a las 07:12 hora española, hubiera mirado hacia la constelación de Boyero (ligeramente al norte de la estrella Arturo), habría sido testigo ocular del fenómeno astronómico más espectacular nunca registrado por la humanidad. Después de viajar por el cosmos durante 7.500 millones de años, el resplandor provocado por aquella explosión acababa de llegar a la Tierra. Por supuesto que no se paró. Aunque a algunos terrícolas les cueste creerlo, ser observados por nosotros no es el principal objetivo de los eventos del universo.

El fogonazo original, concentrado en un chorro muy fino, parecido al que sale de una manguera, se ha ido expandiendo de tal manera que su frente cubre ahora más de mil millones de años luz de diámetro. Evidentemente este tipo de caparazón ha atravesado la Tierra sin prácticamente enterarse de nuestra existencia, depositando sobre nosotros una fracción ínfima de su energía. Pero esta ínfima fracción fue suficiente para alertar al satélite Swift, centinela que orbita la Tierra a la caza de las explosiones de rayos gamma que ocurren en todos los rincones del universo.

Esta explosión de rayos gamma (*gamma ray burst*) fue casualmente la segunda detectada el 19 de marzo del 2008 y por eso se la ha denominado GRB080319B. Es interesante señalar que aquel día ha sido el único, desde que hay registros, que se detectaron hasta un total de cinco explosiones GRB en un margen de veinticuatro horas. Como ha hecho sistemáticamente desde hace años, Swift envió de manera automática sus coordenadas a centenares de observatorios de la Tierra en unos pocos segundos.

Desde que se detectó, se supo que GRB080319B era especial: no solo su energía en rayos gamma era, muy grande sino que el primer telescopio óptico que rápidamente miró en aquella dirección para buscar una contrapartida en luz visible se vio literalmente deslumbrado, porque el objeto era mucho más brillante que ningún GRB que se hubiera descubierto con anterioridad. Las primeras cámaras que pudieron observarlo encontraron un objeto tan brillante que podría, incluso, haber sido visto a simple vista durante los primeros cuarenta segundos después de ser descubierto. Un GRB no había alcanzado nunca este nivel de brillo, y la primera interpretación fue que debía haber ocurrido mucho más cerca que cualquier otro jamás observado.

Las sorpresas no habían hecho más que empezar. Aquella misma noche el telescopio VLT, situado en Chile, con su espejo de ocho metros de diámetro, tomó un espectro de la luz procedente de GRB080319B, lo que permitió medir las propiedades químicas y la distancia a la que se encuentra de nosotros. El resultado lo hemos adelantado en el primer renglón de este capítulo: contra todo pronóstico, el objeto que estalló lo hizo hace 7.500 millones de años, más de la mitad de la edad del universo. La galaxia en la que estalló (o lo que quedó de ella) estaría hoy a diez mil millones de años luz de nosotros. Esta distancia, que los astrónomos llaman comóvil, es mayor incluso que la que ha recorrido la luz durante este tiempo, por el hecho de que la propia expansión del universo ha contribuido a alejarnos aún más de ella. Definitivamente, sea quien fuere quien decidiera que GRB080319B debía ocurrir, estaba dispuesto a llamar la atención.

La combinación del increíble brillo aparente de este objeto, aunque durara solo unos segundos, y la distancia cósmica que nos separa de él permite entender que su luminosidad fue absolutamente excepcional. Sería necesario acumular la luz de casi un trillón de soles para poder acercarse a la intensidad de energía que, durante cuarenta segundos, se produjo en aquel lugar del universo.

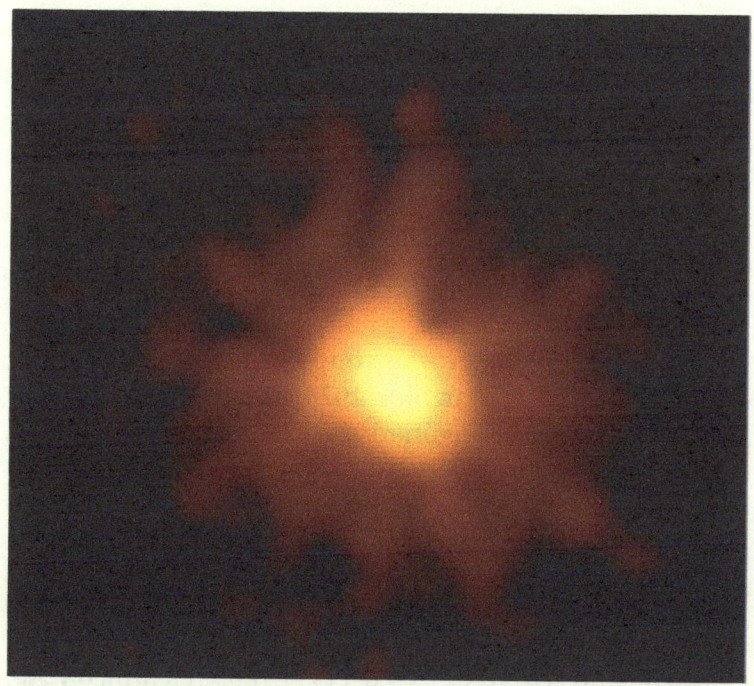

Figura 14. El resplandor extremadamente luminoso de GRB080319B fue captado por el telescopio de rayos X de Swift. Crédito: NASA/Swift/ Stefan Immler, et al.

Durante unos segundos GRB080319B se convirtió en el objeto más alejado que se podía observar a simple vista (ver Figura 14). A la fecha de la publicación de este libro, el GRB080319B sigue manteniendo el récord de ser el objeto más lejano que pudo verse a simple vista. El récord del GRB más energético, en cambio, lo tiene ahora el objeto conocido como GRB221009A que se observó el 9 de octubre de 2022, y que se le conoce como el B.O.A.T. (acrónimo en inglés de la expresión *brightest of all-time*). Se encuentra mucho más cerca y emitió una mayor cantidad de energía captada fundamentalmente en rayos X y rayos gamma por los satélites Neil Gehrels Swift Observatory y Fermi Gamma-ray Space Telescope, pero su luminosidad en el visible no superó a la del GRB de 2008, ya que el de 2022 estaba situado cerca del plano que forma nuestra galaxia y el polvo de esta absorbió gran parte de su radiación en las longitudes de onda del visible.

Meses después de que los astrónomos detectaran aquella explosión del 19 de marzo de 2028, ni los telescopios más grandes observaban ningún remanente en la posición donde GRB080319B brilló. El caparazón de energía que atravesó la Tierra durante la mañana del día grande de las fallas de 2008 se encuentra ya a muchos miles de millones de kilómetros de distancia, dispuesto, quién sabe, a llamar la atención de otros observadores en innumerables otros mundos.

Curiosamente, Arthur C. Clarke (1917-2008), científico y autor de algunas de las más provocativas e interesantes obras de ciencia ficción de nuestra era, murió el día 18 de marzo del 2008. Algunas personas afirman que GRB080319B, unido a los otros cuatro GRB que se sucedieron el mismo día, es la señal que Arthur C. Clarke nos ha enviado para hacernos saber que ha llegado sano y salvo al otro lado.

15. COLISIONES GALÁCTICAS

Aunque sin duda el cielo nocturno es fascinante, hay que reconocer que el cielo que observamos desde la Tierra es un firmamento más bien plácido. Cuando se pone el Sol, los objetos más brillantes de la bóveda celeste, después de la Luna, son los planetas Venus y Júpiter, los luceros que brillan más que cualquier estrella, aunque los tres en realidad están reflejando la luz que reciben del Sol. La estrella más brillante, Sirio, no es una estrella grande. Es semejante al Sol, ligeramente mayor y algo más luminosa, pero es la estrella más brillante del cielo por su proximidad. Está a solo 8,6 años luz de la Tierra. Se trata de una estrella estable, que como el Sol está pasando por una etapa tranquila de su vida que los astrónomos llaman de secuencia principal. Si estrellas supergigantes, como Rigel o Betelgeuse que se encuentran a varios centenares de años luz de distancia, en la constelación de Orión, estuvieran a la distancia de Sirio, o a la distancia de la estrella más cercana, Proxima Centauri, a 4,2 años luz de la Tierra, competirían en brillo con la Luna. Nuestro cielo sería muy distinto. No es descabellado pensar que para que en un planeta se origine la vida, como en la Tierra, su entorno estelar deba ser relativamente tranquilo. Un cielo nocturno en un hipotético planeta en el que se observasen estrellas tan brillantes como la Luna sería propicio a que se desencadenaran —en los periodos de tiempo necesarios para el desarrollo de la vida— episodios catastróficos en esas estrellas, como explosiones de supernovas, que al estar tan cercanas al planeta, pudieran acabar con el desarrollo incipiente de la vida, o incluso con civilizaciones bien desarrolladas, que observarían impotentes su final. En la Tierra este final también ocurrirá, eso sí, tardará unos 5.000 millones de años, que es el tiempo que le queda al Sol para que termine su vida apacible, salga de la secuencia principal y se convierta en una gigante roja, creciendo de tamaño de tal manera que presumiblemente sus capas gaseosas externas devoren la Tierra (en la que ya no quedará vida).

Pero antes de ese evento y, si somos capaces de conservar nuestro planeta en los próximos miles de millones de años, desde este pequeño y pálido punto azul, tal y como diría Carl Sagan, los habitantes de la Tierra podrán disfrutar de un cielo cambiante y realmente espectacular. Esto será debido a las interacciones con nuestras galaxias vecinas, fundamentalmente con la galaxia de Andrómeda.

Aunque sabemos que las galaxias se alejan unas de otras como consecuencia de la expansión cósmica, aquellas que se encuentran en un grupo o un cúmulo gravitacionalmente ligado, se mueven bajo la influencia de la atracción gravitatoria mutua y de toda la masa del grupo o del cúmulo, incluida la componente dominante de materia oscura. Eso le ocurre también al llamado Grupo Local, formado por unas cuarenta galaxias, entre las que destacan nuestra galaxia, la Vía Láctea, y la galaxia de Andrómeda, separadas unos 2,5 millones de años luz. Ambas están cayendo una sobre la otra a una velocidad relativa que hoy vale 110 km/s y que aumentará con el paso del tiempo, del mismo modo que aumenta la velocidad de un objeto en caída libre. La separación de 2,5 millones de años luz irá disminuyendo, ambas galaxias se aproximarán, y antes de la colisión, que ocurrirá dentro de unos 4.000 millones de años, el cielo nocturno cambiará notablemente.

Las seis imágenes que se muestran en la Figura 15 son una secuencia de ilustraciones artísticas que revelan cómo se observará desde la Tierra la colisión. La primera imagen corresponde a como se ve la galaxia hoy en día. La segunda muestra la galaxia de Andrómeda acercándose a la Tierra tal y como se verá dentro de unos 2.000 millones de años. En la tercera, Andrómeda llena prácticamente el campo de visión. Eso ocurrirá dentro de 3.750 millones de años. Las siguientes imágenes exponen cómo el choque activará la formación de nuevas estrellas, convirtiendo el cielo nocturno en el mayor espectáculo de fuegos artificiales que podamos imaginar, que además durará centenares de miles de millones de años. Las fuerzas de marea producirán deformaciones en los discos de ambas galaxias espirales (como se observa en la sexta imagen que corresponde a los 4.000 millones de años), pero con todo, muy probablemente, nuestro Sol y su sistema solar no serán destruidos, sencillamente se reubicarán en los suburbios de una nueva

Figura 15. Secuencia que muestra cómo se observará en el cielo nocturno —desde la Tierra— la futura colisión entre nuestra galaxia y la galaxia de Andrómeda dentro de miles de millones de años. Crédito: NASA; ESA; Z. Levay and R. van der Marel, STScI; T. Hallas, and A. Mellinger.

galaxia, esta vez elíptica, en la que a los 5.100 millones de años se distinguirán los núcleos de ambas galaxias —la Vía Láctea y Andrómeda—, que finalmente se fusionarán en uno solo (dentro de 7.000 millones de años). Estas etapas ya no se observarán desde la Tierra ya que, para entonces, no existirá. Nuestro Sol habrá comenzado su propio periplo catastrófico transformándose, primero, en una gigante roja y, más tarde, en una enana blanca rodeada de una hermosa nebulosa planetaria.

16. LA SINFONÍA DE LAS ONDAS GRAVITATORIAS

A finales del siglo xix, la mayoría de los físicos creían en la existencia del éter, una entidad que se había postulado desde la antigüedad en numerosas ocasiones y que tuvo entre sus más distinguidos defensores a René Descartes (1596-1650). Descartes postuló tres tipos de éter: luminoso, transparente y opaco. Del primer tipo estaban hechos el Sol y las estrellas; del tercero, la Tierra y los planetas; el transparente llenaba el resto en un *plenum* que arrastraba los astros por medio de vórtices, que venían a sustituir a las esferas cristalinas de los griegos. Christiaan Huygens y Gottfried Leibniz (1646-1716) trataron de explicar, con un cierto éxito, la gravitación en el sistema solar a partir de principios cartesianos. Incluso, Isaac Newton (1643-1727) al inicio asumió algunos de estos principios, para abandonarlos progresivamente conforme entendió que sus fuerzas gravitatorias cruzaban los espacios vacíos a velocidad infinita.

Pese a quizá no ser ya necesario para explicar los movimientos de los astros, el éter, en su versión más luminosa, volvió a adquirir relevancia entre los científicos, a finales del siglo xix, cuando se reconoce la naturaleza ondulatoria de la luz gracias a Thomas Young (1773-1829) y otros físicos de la época. A fin de cuentas, si el sonido que es una onda necesita de un medio (el aire) para desplazarse, la luz, otra onda, necesitará del éter para hacer lo propio. Posiblemente fue William Thomson (1824-1907), Lord Kelvin, el físico que abrazó con más fuerza la idea del éter luminiscente, aunque ciertamente sus amigos y colegas George Stokes (1819-1903), Hendrik Lorentz (1853-1928) y George F. FitzGerald (1851-1901) también eran arduos defensores de su existencia. Oliver Lodge (1851-1940), tan tarde como en 1905, describió los rayos X como "vibraciones del éter terriblemente rápidas" y la divulgadora de la astronomía Agnes M. Clerke (1842-1907) escribió en 1902 sobre el "vehículo etéreo de la propagación de la luz".

Para demostrar la existencia del éter Albert Michelson (1852-1931) y Edward Morley (1838-1923) diseñaron en 1887 un experimento muy ingenioso que hoy conocen todos los estudiantes de física. Básicamente, mediante una lente semiplateada dividían un rayo de luz monocromático en dos haces que viajaban en direcciones perpendiculares, recorriendo dos caminos ópticos de la misma longitud. Mediante un sistema de espejos les hacían converger en un único punto, en el que se deberían observar patrones de interferencia si la velocidad de la luz en cada una de las direcciones se veía alterada de manera diferente por el viento del éter que produciría el movimiento de la Tierra alrededor del Sol. El resultado del experimento fue negativo, no se observaron las interferencias: en definitiva, el éter no existía.

No está claro hasta qué punto el resultado negativo del experimento de Michelson y Morley pudo influir en el desarrollo de la teoría de la relatividad especial de Albert Einstein (1879-1955) en 1905, pero desde luego contribuyó de manera decisiva a que la noción de la constancia de la velocidad de la luz ganara una amplia y rápida aceptación.

Años más tarde, en el marco de la teoría general de la relatividad, Einstein postuló la existencia de las ondas gravitatorias, aunque pensaba que nunca se podrían detectar. En este marco, la gravitación es consecuencia de la deformación del espacio-tiempo que produce la presencia de materia y energía. Como explica John Wheeler (1911-2008) en el aforismo que mejor resume la relatividad: "el espacio-tiempo le dice a la materia cómo moverse; la materia le dice al espacio-tiempo cómo curvarse". Así, si la Tierra gira alrededor del Sol no es porque exista una fuerza que actúe a distancia como decía Newton; la relatividad explica que el Sol deforma el espacio-tiempo, como haría una pesada bola de bolera dejada caer sobre una cama elástica.

Los objetos muy masivos y que se mueven muy rápidamente producen oscilaciones del tejido del espacio-tiempo que pueden llegar a detectarse: son las ondas gravitatorias. Pero han resultado muy elusivas: han pasado más de cien años desde que se postularon hasta que por fin se han detectado directamente y para hacerlo se ha utilizado precisamente un interferómetro de Michelson. Eso sí, bastante más grande que el original de 1887. Los dos brazos de LIGO (Laser

Interferometer Gravitational-Wave Observatory) miden cuatro kilómetros (los originales de Michelson y Morley solo 1,3 metros); por su interior viajan láseres (a la velocidad de la luz) que al recorrer la misma distancia no crean un patrón de interferencia cuando se analizan en el detector, pero si, en un momento dado, las ondas gravitatorias producen una deformación tal que uno de los brazos se estira y el otro se encoge, como los recorridos de la luz láser serán ahora diferentes, se producirá una interferencia y se habrán detectado las ondas gravitatorias (ver Figura 16).

La dificultad técnica es enorme, ya que es como medir que un palo del tamaño de toda nuestra galaxia (10^{21} metros) se encoja unos milímetros. El 14 de septiembre de 2015, LIGO dio un resultado positivo, esta vez sí, y reveló que lo que cien años antes había postulado Einstein existía, abriendo una nueva ventana para observar el universo: al parecer estas interferencias las habría producido la colisión de dos enormes agujeros negros a más de mil millones de años luz de distancia. Nadie en la Tierra lo notó, bueno nadie no, LIGO estaba atento, lo detectó y se lo contó a los científicos que desde hacía décadas esperaban ansiosos escuchar ese susurro. Desde entonces se han producido nuevas detecciones de ondas gravitatorias, siendo quizá la más espectacular la que se produjo el 17 de agosto de 2017, ya que en este caso se trataba de la fusión de dos estrellas de neutrones. Además, intervino también el interferómetro Virgo, instalado cerca de Pisa en Italia. Al tener tres detectores separados a muchos kilómetros de distancia sobre la superficie de la Tierra, fue posible mejorar enormemente la localización en la esfera celeste del evento. Esto permitió que muchos observatorios desde la Tierra y desde el espacio apuntaran en esa dirección, convirtiéndose en un acontecimiento sin precedentes en la astronomía. Miles de físicos, astrónomos e ingenieros trabajaron en el estudio de la primera fusión de dos estrellas de neutrones detectada. El primero en reaccionar fue el satélite FERMI que observa el universo en longitudes de onda extraordinariamente cortas: los rayos gamma. El brote de rayos gamma emitido por la colisión de las estrellas de neutrones duró unos dos segundos y fue confirmado minutos después por el satélite INTEGRAL, con ello se verificaba la hipótesis de que las explosiones de rayos gamma cortas son fusiones de estrella de neutrones. Estas estrellas son objetos compactos pequeños, con un diámetro de aproximadamente 10 kilómetros pero que albergan entre 1,4 y 2,2 veces la masa del Sol. Son, por tanto, extraordinariamente densas: un terrón de azúcar hecho con material de estrella de neutrones tendría una masa semejante a la de 4 veces toda la población humana. Curiosamente, fue en un sistema similar, donde de manera indirecta se justificó la necesidad de contar con las ondas gravitatorias. Fue en 1974, cuando los físicos estadounidenses Joseph Taylor y Russell Hulse detectaron el primer púlsar binario (PSR B1913+16): dos estrellas de neutrones orbitando muy rápidamente en órbitas elípticas en torno a su centro de masas común. En este caso, completan su órbita en siete horas y cuarenta y cinco minutos. Este periodo disminuye cada año en 76,5 milésimas de segundo. Este hecho es una prueba indirecta de la existencia de ondas gravitatorias, ya que esa disminución, aunque pequeña, es consecuencia de un acercamiento paulatino de las dos estrellas: están cayendo una sobre la otra. El sistema pierde energía y esa pérdida, según las predicciones de la

Figura 16. El interferómetro LIGO en Livingston, Louisiana. Hay otro igual en Hanford, Washington. Crédito: LIGO Laboratory.

teoría de la relatividad general de Einstein, debe quedar compensada por la emisión de ondas gravitatorias. Taylor y Hulse recibieron el Premio Nobel de Física en 1994 por su descubrimiento. Kip Thorne, Rainer Weiss y Barry Barish obtuvieron el de 2017 por la detección directa de la radiación gravitatoria.

Parte III

Midiendo el universo

17. PALOS, SOMBRAS Y CLEPSIDRAS

En las diferentes culturas antiguas, la observación del cielo estrellado, el Sol, la Luna y los planetas ha tenido una notable influencia a la hora de elaborar los mitos que describen nuestros orígenes. Como demuestra la arqueoastronomía, una moderna disciplina en la que se unen la arqueología y la astronomía, la observación de los astros tenía, por un lado, un sentido práctico, por ejemplo era útil para elaborar el calendario que ordenara temporalmente las actividades agrícolas, pero al mismo tiempo tenía también un sentido más cultural como base de la cosmogonía en la que se asentaban las creencias y los mitos de las primeras sociedades agrícolas. Así, por ejemplo, para los antiguos egipcios, el orto heliaco[24] de Sirio

---

24 Durante una parte del año, la estrella más brillante del cielo, Sirio, no es visible debido a su proximidad al Sol: sencillamente amanece antes de que Sirio salga

marcaba el inicio de las crecidas del Nilo tan necesarias para sus cosechas, pero, al mismo tiempo, las pirámides y algunas de sus cámaras funerarias se construyeron con una orientación astronómica precisa cuyo objetivo era facilitar al difunto su viaje al más allá.

La cosmología china permitía que los cielos pudieran cambiar y no eran, por tanto, inmutables. En sus crónicas se detalla la aparición de nuevas estrellas, que hoy conocemos como novas o supernovas. Helge Kragh explica en su libro *Concepciones del cosmos*[25] que la escuela Kai Tien, en el siglo III a. e. c., llegó incluso a establecer una distancia entre la Tierra y la esfera celeste. Esta distancia era de aproximadamente de 43.000 kilómetros. El propio Kragh menciona que en la *Teogonía* de Hesíodo, datada entre el siglo VIII y el VII a. e. c., se menciona que un yunque de bronce emplearía nueve días con sus noches en caer desde el cielo a la Tierra (el mismo tiempo que emplearía en caer desde la Tierra hasta Tátaros, un inframundo en un abismo simétrico a la esfera del cielo).

Desde la Grecia clásica hasta nuestros días, los pensadores y científicos que han pretendido explicar los movimientos de los astros han recurrido, una y otra vez, a la materia oscura. No siempre se ha llamado así, pero una componente invisible —el lado oscuro del universo— ha estado siem-

---

por el este, por tanto, cuando lo hace, el Sol ya brilla demasiado. Conforme la Tierra gira alrededor del Sol, la posición de este va cambiando respecto de las estrellas, de modo que, a partir de un cierto día, Sirio reaparece por el este antes de que lo haga el Sol. Este hecho es conocido como orto heliaco.

25 Kragh, Helge (2011). *Conceptions of Cosmos. From Myths to the Accelerating Universe: A History Of Cosmology*. Oxford: Oxford University Press.

pre presente en la historia de la ciencia. Como en la mayoría de las aventuras humanas, esta presencia ha tenido sus luces y sus sombras.

Eudoxo de Cnido (ca. 408-355 a. e. c.), discípulo de Platón, introduce las esferas cristalinas para explicar el movimiento de los planetas. Sobre estas esferas cristalinas, los planetas estarían engarzados: son esferas perfectas que describen movimientos uniformes y armoniosos, hechas de quintaesencia, que permiten explicar las observaciones astronómicas en un modelo geocéntrico. Esta entidad postulada, pero no visible, que en cierta manera nos recuerda a la materia oscura de los modernos modelos cosmológicos, perduró por siglos, y no fue cuestionada ni siquiera cuando dejaron de girar en torno a la Tierra y lo hicieron en torno al Sol con Nicolás Copérnico (1473-1543) en 1543.

El físico teórico italiano Lucio Russo (n. 1944) publicó, en 1996, la obra titulada *La revoluzione dimenticata* (*La revolución olvidada*). El libro se publicó en inglés en 2004,[26] pero no está traducido a otras lenguas. Afortunadamente existe una amplia reseña del original italiano publicada en 2012 por Chantal Ferrer y Andrea Bombi de la Universitat de València.[27] Russo defiende en su libro que el periodo helenístico constituyó una auténtica revolución científica similar a la que, en el lenguaje introducido años antes por Thomas Kung (1922-1996), significó la revolución coper-

---

26 Russo, Lucio (2004). *The Forgotten Revolution. How Science Was Born in 300 BC and Why It Had to Be Reborn*. Nueva York: Springer-Verlag.

27 Ferrer Roca, Chantal; Bombi, Andrea (2012). "La revolución olvidada: aspectos lingüísticos de una pérdida y recuperación. Reflexiones sobre un ensayo de Lucio Russo", *Quaderns de Filologia. Estudis Lingüístics*, vol. XVII, p. 27-49.

nicana y el posterior nacimiento de la ciencia moderna de manos de Kepler, Galileo y Newton (entre otros). Se suele datar el inicio del periodo helenístico con el nacimiento de Alejandro Magno, el año 323 a. e. c. Personajes como Euclides de Alejandría (ca. 325 a. e. c.-265 a. e. c.), Eratóstenes de Cirene (276-195 a. e. c.), Aristarco de Samos (310-230 a. e. c.), Apolonio de Pérgamo (262-190 a. e. c.) o Hiparco de Nicea (190-120 a. e. c.) son algunos de los héroes de los que habla Russo en su libro, auténticos artífices de una revolución científica olvidada. Formalmente el periodo helenístico finalizó con la anexión del Egipto de Cleopatra al Imperio romano en el año 30 a. e. c., aunque la actividad científica continuaría bajo la dominación romana (la famosa *Pax Romana*), eso sí marcada por un cierto declive hasta su desaparición con la muerte de Hipatia de Alejandría y el incendio de la biblioteca de esta cuidad el año 415 d. e. c.

Es en este periodo[28] cuando viven dos sabios de la antigua Grecia que realizaron medidas astronómicas de distancias singulares: Eratóstenes de Cirene (276-195 a. e. c.) y Aristarco de Samos (310-230 a. e. c.). Eratóstenes era el responsable de la biblioteca de Alejandría y era conocedor de un hecho astronómico singular: un obelisco situado en la ciudad de Siena (la actual Asuán), situada en el trópico de Cáncer, no proyectaba ninguna sombra a mediodía el día del solsticio de verano (el 21 de junio). Es decir, en ese

---

28 Para ampliar aspectos desarrollados brevemente en este libro sobre la historia de la astronomía, una referencia fundamental es Hoskin, Michael (ed.) (1997). *The Cambridge Illustrated History of Astronomy*. Cambridge: Cambridge University Press.

instante, el Sol se situaba en el cenit de un observador en Asuán (justo encima de su cabeza) y, por tanto, no producía sombra. En ese mismo momento, en la ciudad donde vivía Eratóstenes, Alejandría, 800 km al norte de Asuán, un obelisco producía una sombra bien definida, ya que el Sol no se encontraba en su cenit. Como el Sol está tan alejado, podemos considerar que sus rayos llegan a la Tierra formando rectas paralelas. El ángulo que forman esos rayos con el obelisco es de 0º en Asuán y de unos 7º en Alejandría. Como Asuán y Alejandría están aproximadamente en el mismo meridiano, Eratóstenes dedujo que los 800 km que separaban esas dos ciudades correspondían a 7º de su arco. Un ángulo de 7º representa, más o menos, el 2% de los 360º que tiene la circunferencia completa, por lo que, si el 2% corresponde a 800 km, el 100%, es decir, la circunferencia completa de la Tierra, medirá 40.000 km. El resultado es extraordinariamente preciso. Aunque ciertamente el cálculo de Eratóstenes no se hizo en kilómetros sino en estadios y no conocemos con exactitud la equivalencia del estadio utilizado por él con el kilómetro actual. Podemos concluir que, sin ninguna duda, el método desarrollado fue muy ingenioso y las dimensiones obtenidas para el diámetro terrestre eran sorprendentemente cercanas al valor correcto.

Aristarco de Samos llevó a cabo mediciones de la distancia de la Tierra a la Luna y de la distancia de la Tierra al Sol. En ambas medidas se quedó corto, pero los métodos astronómicos utilizados ponen en evidencia un conocimiento profundo de geometría y de astronomía. Aristarco además postuló que era el Sol y no la Tierra el que ocupaba el centro del sistema del mundo, adelantándose en casi 800

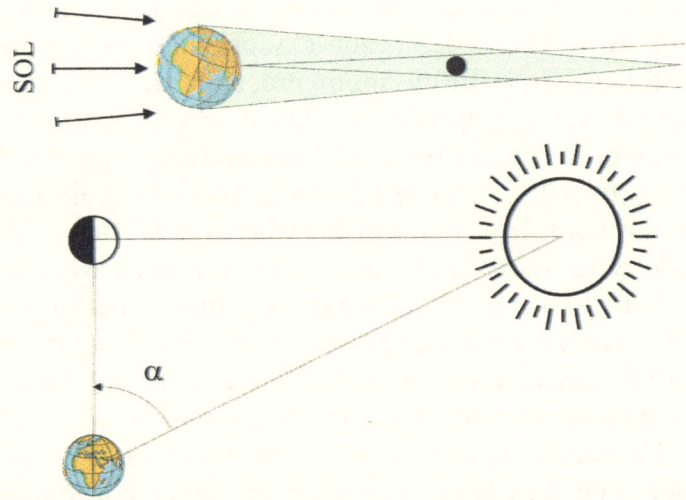

Figura 17. Arriba, el diagrama del eclipse de Luna. Abajo, la configuración que forman la Luna, la Tierra y el Sol cuando la Luna se encuentra en cuarto creciente. Estos esquemas fueron utilizados por Aristarco para medir las distancias de la Tierra a la Luna y de la Tierra al Sol.

años al heliocentrismo de Nicolás Copérnico. Para llevar a cabo la primera medida, Aristarco estudió la duración de un eclipse de Luna y haciendo uso de un diagrama del eclipse, como el que mostramos en la Figura 17, fue capaz de estimar la distancia de la Tierra a la Luna midiendo el ángulo que subtiende la Luna y el Sol observados desde la Tierra y otros ángulos del diagrama. A partir de unos sencillos cálculos trigonométricos llegó a la conclusión de que la distancia a nuestro satélite equivale a unos diez diámetros terrestres. La distancia correcta es aproximadamente tres veces mayor. El error se debía a que, aunque el método empleado es básicamente correcto, la medición precisa de los ángulos que necesita conocer es muy complicada de llevar a cabo sin instrumentación astronómica y los valores estimados por Aristarco incorporaban importantes errores que, a la postre, se trasladan al resultado final. Para medir la distancia de la Tierra al Sol, Aristarco midió el ángulo que forman el Sol y la Luna, cuando esta se encuentra en la fase de cuarto creciente como se muestra en la Figura 17. Obtuvo un valor de 87º (subestimando el valor correcto que es de 89,85267º). El error es comprensible, ya que es francamente difícil determinar con exactitud el instante del cuarto lunar, es decir, cuándo exactamente está iluminado por el Sol la mitad del disco lunar. El error de Aristarco equivale a un error de unas seis horas en la determinación de este instante respecto a la duración del mes sinódico (29 días, 12 horas y 44 minutos, que es el tiempo transcurrido entre dos fases lunares iguales).

En la fase de cuarto creciente o menguante, la Luna se encuentra en el vértice de ángulo recto de un triángulo rectángulo (véase la Figura 17). Un sencillo cálculo trigonométrico permite obtener la distancia de la Tierra al Sol (la hipotenusa), si se conoce la distancia de la Tierra a la Luna (un cateto) que, como se ha explicado, Aristarco había calculado previamente.

18. LA SONDA QUE SE ADENTRA ENTRE LAS ESTRELLAS

A lo largo de los siglos las medidas de estas distancias se perfeccionaron con la introducción de nuevos instrumentos de observación, basados en la geometría y, en particular, en la trigonometría: la armilla equinoccial, el cuadrante, el astrolabio, la ballestilla y el sextante. Hiparco de Nicea (194-120 a. e. c.), Ptolomeo de Alejandría (85-165 d. e. c.) y, más tarde, los astrónomos árabes contribuyeron a esta tarea, pero las distancias a las estrellas seguían siendo un misterio. El astrónomo danés Tycho Brahe, aunque era un buen conocedor del sistema del mundo de Copérnico, no quiso aceptar que la Tierra diera una vuelta alrededor del Sol en un año, como propone el heliocentrismo. Tycho argumentaba que si la Tierra orbitaba alrededor del Sol, las estrellas cercanas, observadas desde una Tierra en movimiento, cambiarían ligeramente su posición en el cielo a lo largo del año, respecto a las estrellas más alejadas.

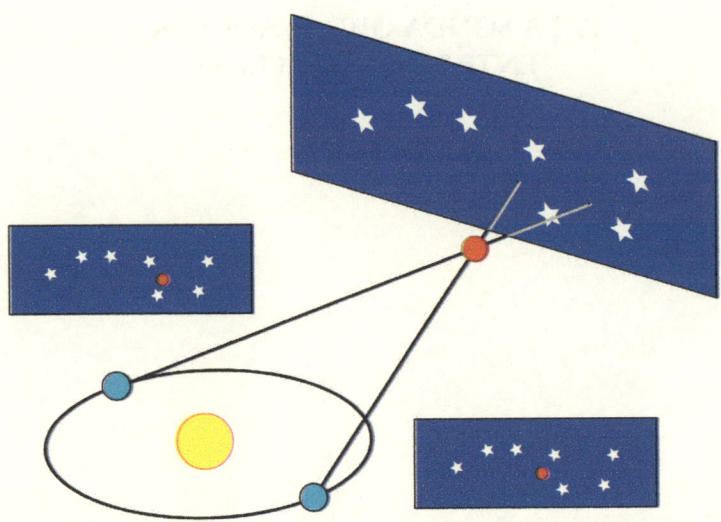

Figura 18. El ángulo de paralaje de una estrella próxima permite determinar su distancia. Crédito: KES47/ Wikipedia alemana. Imagen creada por el usuario WikiStefan.

Este hecho obvio, conocido como paralaje anual, si se observara, permitiría calcular de manera sencilla la distancia a las estrellas próximas, como se muestra en la Figura 18.

Como Tycho, que era un excelente astrónomo observacional a ojo desnudo, no detectó nunca estas variaciones, concluyó que la Tierra debería permanecer inmóvil. En su sistema, el Sol y la Luna giraban en torno a la Tierra, pero el resto de planetas lo hacía en torno al Sol. El sistema de Tycho no soportó las evidencias observacionales que fue cosechando el modelo de Copérnico, de la mano de los grandes astrónomos de la revolución científica: Kepler, Galileo y Newton. Pero tuvieron que pasar más de doscientos años desde la muerte de Tycho hasta que finalmente se pudo medir, ya con el telescopio perfeccionado, la primera paralaje estelar.

Un cielo limpio y oscuro nos permite distinguir a simple vista una débil estrella en la constelación del Cisne. Tiene un nombre poco evocador, 61 Cygni. Es, de hecho, una estrella doble, pero sobre todo una estrella muy importante en la historia que ha permitido establecer las escalas del cosmos. En 1838, el astrónomo y matemático alemán Friedrich W. Bessel (1784-1846) calculó la distancia a esta estrella. Era la primera vez que se media la distancia a una estrella distinta del Sol mediante observaciones astronómicas muy precisas. La importancia del hecho quedó reflejada en las palabras del presidente de la Royal Astronomical Society del Reino Unido, John Herschel (1792-1871), hijo de William, cuando presentó el trabajo de Bessel ante los miembros de la prestigiosa sociedad, afirmando: "Sois afortunados por haber vivido el día en que, finalmente, la sonda que se adentraba en el universo de las estrellas ha tocado fondo". ¿Cómo lo hizo? Debido al movimiento de traslación de la Tierra alrededor del Sol, la posición de una estrella cercana, observada desde la Tierra, experimenta un pequeño desplazamiento a lo largo del año, en relación con las estrellas más alejadas que actúan como un escenario de fondo inmóvil. El ángulo de paralaje, que es como se llama ese pequeño desplazamiento, es, para 61 Cygni, extraordinariamente pequeño, tan solo 0,3 segundos de arco. Con este dato y un simple razonamiento geométrico, podemos deducir que la distancia a la estrella es de unos once años luz. Para hacernos una idea de la dificultad técnica de la observación de Bessel, podemos pensar que ese ángulo es el que forma una moneda de un euro situada a dieciséis kilómetros de distancia.

Hasta los años noventa del siglo pasado se habían determinado, desde la superficie de la Tierra, las distancias a unas 900 estrellas midiendo su paralaje. Un cambio sustancial se produjo el siglo pasado con la misión Hipparcos, un satélite que midió la paralaje de unas cien mil estrellas con una extraordinaria precisión, hasta una distancia de unos 1.500 años luz. El satélite Gaia, del que hablaremos en el capítulo 21, ha continuado esta tarea, mejorando todavía más la precisión en la determinación de distancias estelares por medio de la paralaje.

Para estrellas más lejanas, las distancias se determinan a partir de patrones de luminosidad: objetos astronómicos de los cuales podemos conocer, por algún motivo, su brillo intrínseco. Comparándolo con su brillo aparente observado desde la Tierra, podemos determinar a qué distancia se encuentran estos objetos. En las páginas siguientes veremos cómo se han utilizado las estrellas variables cefeidas y las supernovas de tipo Ia como patrones de luminosidad. Gracias a ellas hemos continuado profundizando con la sonda que se adentra en el universo profundo.

19. EL INFINITO EN UN ALMANAQUE

En el sistema del mundo de los antiguos griegos, la esfera de las estrellas fijas es la octava de una serie de esferas concéntricas y transparentes que giran en torno a una Tierra fija e inmóvil. Cada una de las otras siete arrastran consigo los astros vagabundos que a ojo desnudo se pueden observar en el cielo: la Luna, Mercurio, Venus, el Sol, Marte, Júpiter y Saturno. Con el modelo heliocéntrico de Nicolás Copérnico publicado en 1543, el Sol pasa a ocupar el lugar central, pero la esfera de las estrellas fijas se mantiene.

En 1577, un gran cometa dominó el cielo nocturno durante varias semanas. Muchos astrónomos europeos lo estudiaron, sobre todo aquellos que vivían bajo el mecenazgo de nobles y monarcas deseosos de conocer los presagios que el cometa anunciaba. Entre ellos, el astrónomo danés Tycho Brahe comprobó, con observaciones precisas y sistemáticas, que el cometa debería estar atravesando las hipotéticas esferas cristalinas. Llegó a una conclusión contundente: las esferas no existían.

A principio del siglo XVII, Johannes Kepler, que fue discípulo de Brahe, justificaría de manera empírica los movimientos de los planetas mediante sus famosas tres leyes. Pero sería Isaac Newton quien, con la ley de gravitación universal, explicara, en el marco de una teoría de la gravedad, los movimientos de los astros. El reloj de Newton parecía funcionar con enorme precisión: los movimientos celestes se podían predecir y, lo que resultaba más satisfactorio, ocurrían tal y como se habían predicho. Así, Edmond Halley (1656-1742), el astrónomo y mecenas que financió la publicación de los *Principia* de Newton, utilizó las leyes allí descritas para calcular cuándo y dónde volvería el cometa que hoy lleva su nombre. Aunque falleció muchos años antes del regreso del astro, este cumplió puntualmente su cita y fue observado por el astrónomo aficionado alemán Johann Georg Palitzsch (1723-1788) la noche del 25 de diciembre de 1758. Cuatro semanas más tarde y, de manera independiente, lo observó Charles Messier desde París. ¡Todo un triunfo de la física newtoniana!

Thomas Digges (1546-1595) era hijo del reputado matemático Leonard Digges (ca. 1515-ca. 1559), que publicó en 1553 la primera edición de un almanaque de pronósticos *Prognostication Everlasting*, que podríamos traducir como *Pronóstico eterno*, un antecesor de los almanaques y pronósticos que en siglos posteriores se popularizarían[29] hasta llegar al

---

29 En España, quizá la serie de almanaques y pronósticos más popular fue la que publicó Diego Torres de Villarroel (1693-1770) en el siglo XVIII y por la que obtuvo importantes beneficios.

Calendario Zaragozano que todavía se edita hoy en día. En 1576, Thomas Digges se encargó de llevar a cabo una nueva edición del almanaque de su padre y en ella incluye un suplemento que titula A *Perfit Description of the Caelestiall Orbes* (*Una perfecta descripción de las esferas celestes*) en el que aparece la imagen del sistema copernicano en la que por primera vez las estrellas se distribuyen aleatoriamente por el espacio infinito. Esta imagen (ver Figura 19) sintetiza los conocimientos astronómicos más modernos de la época con una idea del universo infinito y sin fronteras que también se gestó en la antigua Grecia, primero, con Demócrito y los atomistas y, más tarde, con Epicuro de Samos (ca. 341-270 a. c. e.). La imagen de Digges ejerce una notable influencia en la cosmología de Giordano Bruno, la defensa de la cual le costó la muerte en la hoguera en 1600.

Esta idea, en cambio, aterraba a otros astrónomos de la época como Johannes Kepler que, en sus *Conversaciones con el mensajero de las estrellas*, escritas en 1610 como respuesta al manuscrito de Galileo, afirma: "No dudo en declarar que hay alrededor de 10.000 estrellas visibles... y cada vez estoy más convencido de la finitud del universo... si el universo se extendiera sin fin el cielo brillaría como el Sol... este mundo nuestro no pertenece a un enjambre infinito de incontables universos".

Kepler se une, por tanto, a la tradición griega de los estoicos, escuela fundada en Atenas por Zenón de Citio (334-262 a. c. e.), defendiendo un cosmos finito. La idea de un cosmos finito de estrellas es avalada en el siglo xx por astrónomos como Harlow Shapley (1885-1972), para quien todo lo que vemos en el cielo forma parte de la Gran Galaxia que con unos 300.000 años luz de diámetro sería como una inmensa isla solitaria de estrellas en un océano vacío de extensión infinita.

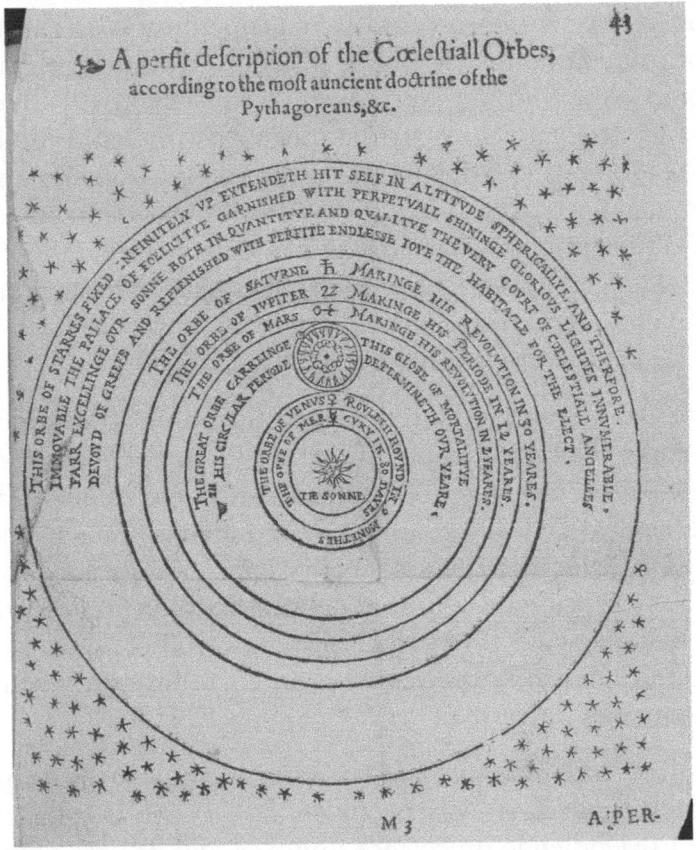

Figura 19. El sistema heliocéntrico copernicano en un grabado de Thomas Digges en A Perfit Description of the Caelestiall Orbes, *con la esfera de las estrellas fijas "extendiéndose infinitamente en altitud" como indica la leyenda. Reproducción de la edición de 1605. Cortesía de History of Science Collections, University of Oklahoma Libraries.*

20. EL DÍA QUE EL UNIVERSO CRECIÓ ENORMEMENTE

El 1 de enero de 1925 Henry N. Russell (1877-1957), profesor de Astronomía en la Universidad de Princeton, leía una comunicación que Edwin P. Hubble (1889-1953) había enviado a la reunión conjunta de la Sociedad Americana de Astronomía y la Sociedad Americana para el Avance de la Ciencia, en la que claramente prueba que Andrómeda (M31) es una galaxia como la Vía Láctea y que se encuentra mucho más allá de los límites que proponía Shapley para la Gran Galaxia, aproximadamente a un millón de años luz de distancia. Este descubrimiento fue crucial para cambiar la concepción del cosmos que tenían los astrónomos. Aunque algunos pensadores como Thomas Wright (1711-1786), Immanuel Kant (1724-1804) o astrónomos como William Herschel habían especulado sobre la posibilidad de que la Vía Láctea fuese una isla estelar —una más dentro de un conjunto de islas galácticas semejantes—, esa no era la idea mayoritaria a principio del siglo xx. El anuncio del descubrimiento de Hubble, que detallaremos en las siguientes páginas, llevó a la escritora estadounidense Marcia Bartusiak a escribir un libro con el título *The Day We Found the Universe* (*El día que encontramos el universo*)[30] para relatar la importancia de la comunicación leída por Russel el primer día del año 1925. A los pocos años ya se conocían centenares de galaxias en nuestro entorno local. Los sucesivos cartografiados del cosmos, realizados con telescopios cada vez más potentes, nos muestran un universo observable cuyos ladrillos fundamentales son centenares de miles de millones de galaxias. Se trata de un enorme salto cualitativo en el conocimiento del cosmos. Pero, ¿cómo empezó esta historia? Quizá convenga situarse en esa misma ciudad, Washington D.C., unos cinco años antes.

La noche del 26 de abril de 1920, Harlow Shapley regresaba al hotel de Washington D.C. donde se había instalado dos días antes procedente de California. Estaba relajado, después de haber pasado los últimos días en tensión. Regresaba del Museo Smithsoniano de Historia Natural, donde había tenido lugar el debate organizado por la Academia Nacional de Ciencias de los Estados Unidos entre él y Heber Curtis (1872-1942) del Observatorio de Lick (aunque ese mismo año ocuparía el cargo de director del Observatorio de Allegheny). El título del debate era "La escala de distancias en el universo". Curtis defendía que la Galaxia tenía unos treinta mil años luz de diámetro y que otros objetos nebulosos espirales eran, en realidad, galaxias como la nuestra. Shapley había cumplido con su plan: no

---

30 Bartusiak, Marcia (2009). *The Day We Found the Universe*. Nueva York: Vintage Books.

arriesgar y evitar las controversias. A fin de cuentas, él defendía la postura conservadora que tan contundentemente había reflejado la historiadora de la ciencia británica Agnes Mary Clarke (1842-1907) en su libro *The System of Stars* reeditado unos años antes:

"La cuestión de si las nebulosas son o no galaxias externas no necesita más discusión. Ha encontrado respuesta con el progreso de los descubrimientos. Ante el conjunto de las evidencias, ningún pensador competente podría mantener que las nebulosas son sistemas de estrellas de rango comparable a la Galaxia. Podemos afirmarlo con seguridad. Hemos llegado a la certeza práctica de que todos los contenidos de la esfera celeste, estelares o nebulosos, pertenecen a una única y vasta congregación."

En el debate de Washington estaban presentes los responsables de elegir el nuevo director del Observatorio de Harvard. Pickering, su antiguo director, había fallecido un año antes. La actitud de Shapley en el debate y su aplomo científico le pudo servir para conseguir el puesto que ocuparía durante más de treinta años.

En Harvard, se encontró con las astrónomas que su predecesor, Pickering, había ido contratando en las últimas tres décadas para llevar a cabo cálculos precisos sobre placas fotográficas y espectros, una historia apasionante, excelentemente explicada por Dava Sobel en su libro *El universo de cristal*.[31] Una de ellas era Henrietta Swan Leavitt. Su trabajo original sobre la relación periodo-luminosidad de las

---

31 Sobel, Dava (2017). *El universo de cristal. La historia de las mujeres de Harvard que nos acercaron las estrellas*. Madrid: Capitán Swing.

estrellas variables cefeidas era la base de la medición de las distancias a los cúmulos globulares que llevaron a Shapley a diseñar un extraordinario mapa de nuestra Galaxia, desplazando al Sol de su centro y colocándolo en el exterior. Desgraciadamente Henrietta murió de cáncer a los pocos meses de la llegada de Shapley. Tenía cincuenta y dos años. El propio Edwin Hubble, que utilizó el método de Leavitt para determinar las distancias a otras galaxias, reconoció que la astrónoma era merecedora del Premio Nobel, al que curiosamente fue nominada en 1924 por Gösta Mittag-Leffler (1846-1927) de la Academia Sueca de las Ciencias, quien no sabía que la astrónoma americana había fallecido tres años antes. Mittag-Leffler, cuyo papel había sido fundamental para que la matemática Sófia Kovalévskaya (1850-1891) obtuviera una cátedra en la Universidad de Estocolmo (la primera mujer en alcanzar este rango), le envió la propuesta a Harlow Shapley, quien además de comunicar la muerte de Leavitt al científico sueco, tuvo la poco noble osadía de sugerir que debería ser él el merecedor del premio por la *interpretación* de los resultados de Leavitt.

El trabajo de Leavitt fue decisivo para el conocimiento de las escalas en el universo. Afortunadamente, Pickering, en la circular que publicó y firmó el 3 de marzo de 1912 en el boletín del Harvard College Observatory, dejaba clara la autoría de este importante trabajo científico ya en la primera frase: "La siguiente declaración sobre los periodos de veinticinco estrellas variables en la Pequeña Nube de Magallanes ha sido preparada por Miss Leavitt". Lo que venía a continuación era el resultado de un estudio pormenorizado de estrellas de brillo variable en esta pequeña galaxia satélite de la Vía Láctea.

Las estrellas variables cefeidas emiten luz con intensidad cambiante de manera regular siguiendo un periodo en el que su brillo aumenta con relativa rapidez para, a continuación, decaer más lentamente. Este periodo de variabilidad puede durar días o semanas, pero se repite siempre siguiendo el mismo patrón —se debe a pulsaciones internas de las estrellas—. John Goodricke (1764-1786), un joven astrónomo británico, fue el primero en observar, en 1784, este comportamiento variable en la estrella Delta Cephei (la cuarta estrella más brillante, en magnitud aparente, de la constelación de Cefeo), de ahí que el nombre genérico de estas estrellas sea el de variables cefeidas.

La conclusión a la que llegó Henrietta Leavitt estudiando las estrellas variables cefeidas en la Pequeña Nube de Magallanes (una galaxia satélite de la Vía Láctea que se encuentra a unos 200.000 años luz de distancia) es que las estrellas variables más brillantes tienen periodos de variabilidad más largos. La relación matemática hallada por Leavitt indica que el logaritmo de la luminosidad de estas estrellas crece con el logaritmo de su periodo de variabilidad. Midiendo este último es posible determinar la magnitud intrínseca de una estrella y así comparándolo con su magnitud aparente (la que se debe al brillo observado desde la Tierra), los astrónomos pueden calcular la distancia, del mismo modo que somos capaces de calcular las distancias a objetos luminosos si conocemos su intensidad luminosa absoluta y la comparamos con el nivel de iluminación recibido a una determinada distancia (aplicamos la ley de la inversa del cuadrado de la distancia).

El funeral de Leavitt se celebró el 12 de diciembre de 1921. Shapley valoró enormemente sus aportaciones. No le ca-

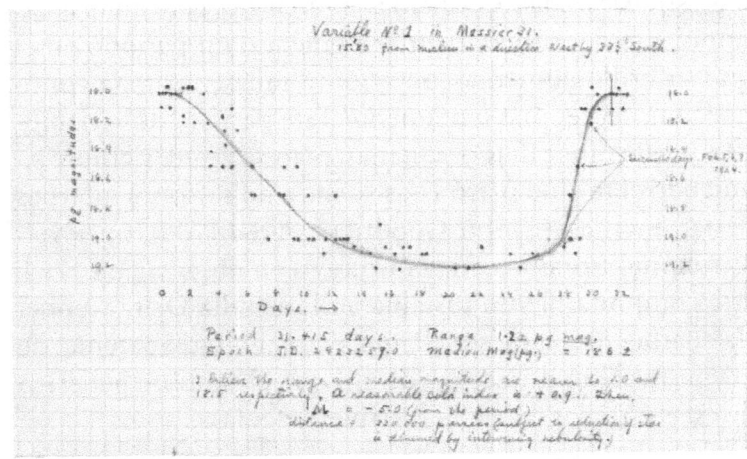

Figura 20. La curva de luz de la estrella variable cefeida utilizada por Edwin Hubble para establecer la distancia a esta galaxia haciendo uso de la relación periodo-luminosidad de Henrietta Leavitt. El propio Hubble realizó este dibujo que incluyo en una carta a Shapley donde le explicaba su descubrimiento. Crédito: UAV 630.22 Caja 9, Carpeta 3. Archivos de la Universidad de Harvard.

bía duda que su propia habilidad para aplicar el descubrimiento de Leavitt —la relación periodo-luminosidad— había sido crucial para descubrir la verdadera posición del Sol en nuestra galaxia. El descubrimiento, que le dio la reputación que finalmente le llevó a la dirección del Observatorio de Harvard, lo había llevado a cabo un par de años antes, cuando vivía en Pasadena (California) y trabajaba en el Observatorio del Monte Wilson. Shapley había dudado mucho a la hora de mudarse a la costa este del país, ya que intuía que el Observatorio que iba a abandonar dispondría de mejores medios en el futuro (como así fue), pero la idea de apartarse de Hubble con el que no congeniaba y que hacía poco tiempo había vuelto de Europa le animaba. Definitivamente Henrietta Leavitt y la relación entre el periodo y la luminosidad de las estrellas variables cefeidas fueron el alma de los descubrimientos de estos dos astrónomos de Missouri. La distancia a Andrómeda y otras galaxias medida por Hubble a mediados de la década de los años veinte fueron determinantes para acabar con el modelo de la Gran Galaxia de Shapley. Él mismo lo reconoció al leer la carta que Hubble le había enviado con sus resultados que le llevó a afirmar que "esta carta ha destruido mi universo", y por tanto daba la razón a las tesis de Heber Curtis en el Gran Debate (ver Figura 20). Pero el propio Shapley, haciendo uso de la misma relación de Leavitt, había mostrado acertadamente, años antes, que el Sol no estaba en el centro de las Vía Láctea, un paso importante en el programa copernicano de desplazar a la humanidad y a la Tierra o el sistema solar de cualquier posición privilegiada en el universo.

Se sabe que cuando Harlow Shapley abrió la carta que le había enviado Edwin Hubble estaba con él la astrónoma británica Cecilia Payne (1900-1979), que obtendría su doctorado por la Universidad de Harvard unos meses más tarde. La tesis de Cecilia Payne fue considerada por Otto Struve (1897-1963), director del Observatorio de Yerkes, como "la tesis doctoral más brillante jamás escrita en astronomía". En ella se realiza un detallado estudio de la composición de las estrellas, haciendo uso de la enorme cantidad de espectrogramas de estrellas de múltiples colores disponibles en Harvard. Su conclusión fue que todas las estrellas comparten aproximadamente la misma composición química y que esta es semejante a la del Sol, excepto por el hecho de que el hidrógeno y el helio son muchísimo más abundantes, una dominancia que le costó aceptar a la comunidad científica, pero que constituye hoy un pilar básico de la astrofísica moderna.

21. LA VÍA LÁCTEA

Cuando miramos el cielo nocturno y los astros que pueblan la bóveda celeste, nos preguntamos a menudo a qué distancia se encuentran. Entender las escalas cósmicas no resulta fácil, ya que los tamaños de las estrellas y las galaxias, así como las distancias que nos separan de ellas son tan enormes que nuestra experiencia cotidiana no es de gran ayuda para hacernos una idea de la inmensidad del universo.

Nuestra noción de lejanía es la misma que subyace en la pregunta que los niños siempre hacen en los viajes en coche: ¿falta mucho? Empecemos, pues, con nuestro planeta. Dar una vuelta completa a la Tierra en coche (a 120 km/h, la velocidad máxima permitida en las autopistas, y sin parar) requeriría 14 días: ¡un viaje agotador! ¿Y en avión? A la velocidad de crucero de un Jumbo (910 km/h) serían necesarios casi 2 días de vuelo continuo para completar el perímetro terrestre alrededor del ecuador. Si el Jumbo pudiera llegar al Sol emplearía 19 años para cubrir los 150 millones de kilómetros que nos separan del astro rey. Decididamente, para seguir hablando de distancias necesitamos algo que sea mucho más veloz.

Los astrónomos usamos la luz porque se traslada a la inconcebible velocidad de 300.000 km/s. Nada puede ir más rápidamente. Por tanto, en 1 segundo, la luz daría 7,5 vueltas a la Tierra, y necesitaría 8 minutos para recorrer la distancia que nos separa del Sol. Si la luz ha de viajar desde el Sol hasta Neptuno necesitará algo más de 4 horas. Una analogía nos puede ayudar a situar la Tierra entre los planetas del sistema solar, tomando la distancia entre el Sol y Neptuno como la que separa las porterías en un campo de fútbol de 100 metros de largo: la Tierra estaría a 3,3 metros de la portería del Sol, dentro del área pequeña, y Júpiter, a 17,3 metros, se situaría en el borde del área de penalti. A esa misma escala, el diámetro de Júpiter sería de apenas tres milímetros, de unas décimas de milímetro el de la Tierra y el del Sol rondaría los tres centímetros. Esto nos da una idea, además, de lo vacío que está el espacio.

El Sol es solo una de los centenares de miles de millones de estrellas que hay en nuestra galaxia. ¿A qué distancia está la estrella más cercana? Proxima Centauri, que es así como se llama, se encuentra a 4,2 años luz. Eso indica que la luz, a 300.000 km/s, tarda 4,2 años en recorrer los cerca de 40 billones (o sea, millones de millones) de kilómetros que nos separan de esta estrella. Siguiendo con la analogía anterior en la que un campo de fútbol corresponde a la distancia entre el Sol y Neptuno, necesitaríamos casi 9.000 campos, uno detrás de otro (la distancia, en línea recta, entre Barcelona y Santiago de Compostela), para llegar a nuestra vecina estelar más próxima, sabiendo que en el primero de ellos estarían todos los planetas del sistema solar.

Aunque los viajes por nuestra galaxia son bastante comunes en historias de ficción como *Star Trek*, la realidad es bien distinta. Basta con considerar que la separación promedio entre las estrellas de la Vía Láctea es aproximadamente 10 millones de veces el diámetro de una estrella típica y, por tanto, los viajes interestelares son, hoy por hoy, impracticables. La extensión de la galaxia es de 100.000 años luz. Para visualizarla, necesitamos cambiar de analogía. Si ahora nuestro campo de fútbol correspondiera a toda la Vía Láctea, una estrella gigante tendría, a esa escala, el diámetro del virus del resfriado común —ultramicroscópico— y la distancia entre el Sol y Proxima Centauri sería del tamaño de una hormiga.

Parece que las galaxias prefieren estar en grupo: la atracción gravitatoria les imprime ese carácter *social*. Nuestra galaxia, por ejemplo, forma parte del llamado Grupo Local, que consiste en una treintena de galaxias, de las cuales Andrómeda, la Vía Láctea y la galaxia del Triángulo son las mayores y tienen un majestuoso diseño espiral, y el resto son galaxias enanas que orbitan —como satélites— en torno a las más grandes. La galaxia de Andrómeda se encuentra a 2,5 millones de años luz de distancia y es el objeto celeste más lejano que podemos ver desde la Tierra a simple vista, sin ayuda de instrumentos ópticos. En nuestro modelo, sería como otro campo de fútbol situado a 2,5 km de distancia (aproximadamente la separación entre dos estadios en una misma ciudad, por ejemplo, el estadio del Valencia y el del Levante); es decir, podríamos visualizar el Grupo Local de galaxias como una ciudad de unos pocos kilómetros de extensión con tres estadios principales y una treintena de miniestadios o canchas de tenis.

Como hemos comentado en el capítulo anterior, hasta la década de 1920, la opinión mayoritaria en la comunidad científica era que nuestro universo se reducía a una inmensa galaxia de estrellas, gas y polvo, que contenía todo lo que se observa en el firmamento, ya fueran objetos estelares o nebulosos. En realidad, el nombre de Vía Láctea hace referencia desde la antigüedad a esa región del cielo que emite luz difusa y que cruza la esfera celeste de parte a parte. Es la visión "desde dentro" de nuestra propia galaxia. En realidad, está formada por millones de estrellas, la mayoría de ellas indiscernibles a simple vista. Galileo Galilei en 1609 apuntó a diferentes regiones de la Vía Láctea con sus telescopios y escribió en el *Sidereus Nuncius*: "es una colección de innumerables estrellas juntas. Algunas nebulosas son, en realidad, agregados de pequeñas estrellas diseminadas de un modo admirable." El nombre de Vía Láctea es la versión latina del nombre griego *galaxia* (gala, γάλα, en griego es *leche*) y el origen es mitológico: Zeus quiso que su hijo de madre humana Heracles fuese amamantado por Hera; lo colocó sobre sus pechos mientras la diosa dormía, y el niño empezó a mamar. Hera se despertó y, enfurecida, apartó al niño con fuerza, pero parte de la leche se derramó por la bóveda celeste formando la Vía Láctea.

En el Observatorio de Lund, en Suecia, se encuentra una pintura de la primera representación realista de la Vía Láctea. La idea de llevar a cabo este trabajo científico y artístico fue del astrónomo sueco Knut Lundmark (1889-1958), quien, a principio de la década de 1950, se planteó representar la Vía Láctea en su conjunto. A partir de los datos de las observaciones astronómicas llevadas a cabo hasta la fecha, Lundmark propuso representar en una proyección de Aitoff las coordenadas de las estrellas y de los objetos luminosos que pueblan nuestra galaxia. No existían ordenadores y los cálculos se llevaron a cabo a mano. Una esfera se proyecta en un óvalo de diferentes maneras, una de ellas es la proyección de Aitoff. Se puede hacer con la esfera terrestre o con la esfera celeste.

El ingeniero sueco Martin Kesküla se encargó del cálculo de las coordenadas y de situar 7.000 estrellas con posiciones conocidas en el dibujo, mediante puntos blancos de tamaño proporcional al brillo aparente de las estrellas, mientras que la ingeniera Tatjana Kesküla pintaba los objetos nebulosos que abundan en la Vía Láctea. El trabajo les llevó dos años y lo finalizaron en 1955. Durante mucho tiempo esta imagen conocida como el *Panorama de Lund* (ver Figura 21) fue la imagen que los astrónomos reproducían una y otra vez cuando se deseaba mostrar la totalidad de la Vía Láctea. El centro de la galaxia se sitúa en la mitad de la imagen. En el hemisferio sur podemos apreciar, a la derecha, las Nubes de Magallanes como dos regiones brillantes separadas del ecuador de la proyección, que corresponde al plano principal que define la Vía Láctea como galaxia espiral.

El 25 de abril de 2018, sesenta y tres años después de que en Lund se terminara de pintar el panorama de la Vía Láctea,

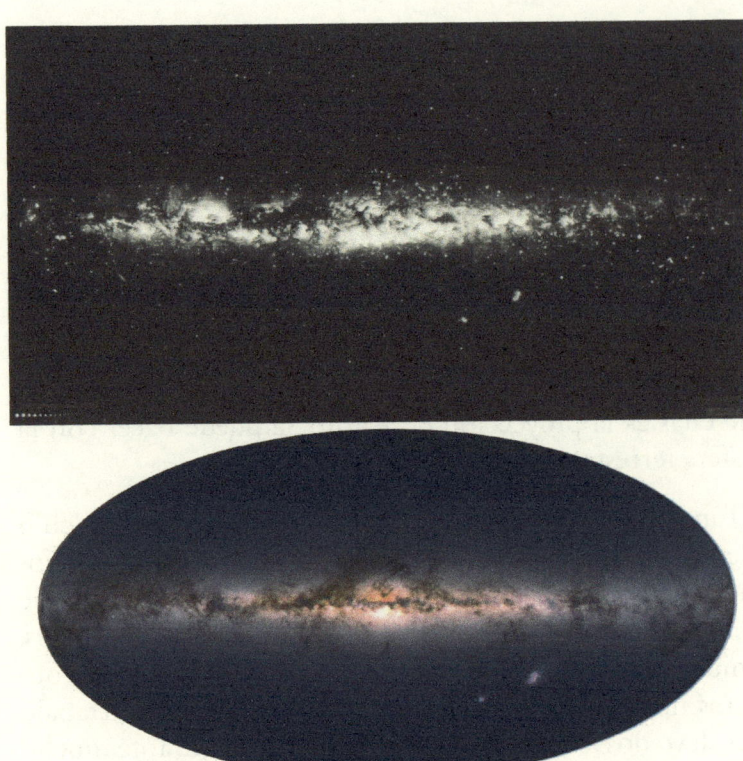

Figura 21. Arriba, la Vía Láctea representada en el dibujo conocido como Panorama de Lund. *Cortesía de Knut Lundmark, Observatorio de Lund. Abajo, la Vía Láctea observada por el telescopio espacial Gaia. Crédito: ESA, Gaia, DPAC.*

se llevó a cabo la publicación de los datos del satélite Gaia (Global Astrometric Interferometer for Astrophysics), que ha llevado a cabo un espectacular cartografiado de la Vía Láctea. Se trataba de la segunda publicación de datos, la *Data Release* 2. La imagen que proporcionó Gaia de nuestra galaxia, esta vez realizada con ordenador (no se trata, por tanto, tampoco de una fotografía), nos muestra las posiciones de más de 1.700 millones de estrellas, objetos del sistema solar y otros objetos nebulosos que componen la Vía Láctea y las galaxias satélites de su entorno (vuelven a destacar en esta imagen las Nubes de Magallanes).

En este caso, se trata de la proyección de Hammer, similar a la de Aitoff, pero no exactamente igual (ver Figura 21). En cada pixel de esta imagen se representa la intensidad del brillo medido por Gaia en cada región del cielo. Las zonas más brillantes de la imagen corresponden a concentraciones más densas de estrellas, mientras que las regiones más oscuras corresponden a zonas menos pobladas de estrellas o pobladas con estrellas de menor brillo. Destacan también bandas todavía más oscuras en torno al plano de la Vía Láctea: son nubes de gas y polvo interestelar que absorben la luz de las estrellas remotas y que impiden su visión.

Curiosamente Gaia empleó también dos años en llevar a cabo las observaciones que ha proporcionado esta imagen (el mismo tiempo que les llevó a los ingenieros de Lund pintar su obra). Pero esta vez han intervenido centenares de científicos e ingenieros de toda Europa, que han trabajado en el diseño, la construcción, la puesta en órbita y la explotación científica de este observatorio espacial de la ESA (Agencia Espacial Europea). El coste total de la misión ha sido de 740 millones de euros. El telescopio se lanzó a bordo de un cohete Soyuz que despegó desde la Guayana francesa el 19 de diciembre de 2013. Gaia se encuentra a 1,5 millones de kilómetros de la Tierra. Desde allí ha medido con increíble precisión la posición, el brillo, la distancia, el movimiento propio y el color de 1.300 millones de estrellas. Además, ha detectado 14.000 objetos del sistema solar (principalmente asteroides). Estos son los números de la segunda publicación de datos de Gaia. El 13 de junio de 2022 se hizo pública la *Data Release 3*, en la que se incrementaron estas cantidades. Sin duda, esta misión nos ha permitido conocer nuestra galaxia, la Vía Láctea, con una precisión inimaginable para el astrónomo y los ingenieros que llevaron a cabo el *Panorama de Lund*.

22. CIELO INMENSO

Desde que el astrónomo Edwin Hubble mostrara en 1924 que la nebulosa de Andrómeda y otros objetos nebulosos no formaban parte de nuestra galaxia, sino que eran, en realidad, otras galaxias como la nuestra, hemos ido comprendiendo que el universo está formado por innumerables galaxias. En la región que llamamos universo observable hay centenares de miles de millones de galaxias (la luz que proviene del punto más remoto del universo observable ha podido recorrer unos 13.500 millones de años luz en la historia cósmica).

Andrómeda junto con la Vía Láctea y otras cuarenta galaxias más pequeñas forman un pequeño cúmulo que llamamos Grupo Local y que ocupa una extensión de unos tres millones de años luz de diámetro. Existen grupos mucho más densos y más ricos en galaxias que el Grupo Local, son los cúmulos, que pueden albergar varios miles de galaxias, como el de Virgo, que está a 65 millones de años luz. La luz que hoy captan nuestros telescopios procedente de las galaxias de ese cúmulo inició su viaje poco después de que desaparecieran los dinosaurios de la faz de la Tierra; así pues, la imagen que vemos de esas galaxias no corresponde a su aspecto actual, sino al que tenían hace 65 millones de años. Si en alguna de ellas sucediera hoy algo astronómicamente observable —como la explosión de una estrella en supernova— habría que esperar otros 65 millones de años para observarlo en la Tierra. La astronomía hace, pues, arqueología cósmica, ya que, como la velocidad de la luz es finita, no se observan los objetos como son hoy, sino como eran cuando la luz partió de ellos: mirar lejos es mirar hacia el pasado remoto del universo. Gracias a este hecho se puede entender la evolución del cosmos, desde el universo primitivo hasta nuestros días.

El cúmulo de Virgo, junto con el Grupo Local, forma parte de una estructura aún mayor que se conoce como supercúmulo de Virgo.

Los supercúmulos tenían hasta ahora fronteras mal dibujadas. En la portada de la revista *Nature* del 4 de septiembre de 2014 aparecía una extraña imagen sobre fondo oscuro en la que destacaban filamentos luminosos, que podría hacernos pensar en la estructura de las neuronas, pero sobre la que leíamos *"You are here"*, por tanto más bien se trataba de un mapa, en realidad, una cartografía cósmica de escalas descomunales. Sobre la imagen estaba escrita la palabra *Laniakea*, de origen hawaiano y que se puede traducir por la expresión "cielo inmenso". Laniakea es como ha sido bautizado un gigantesco supercúmulo de galaxias al que perte-

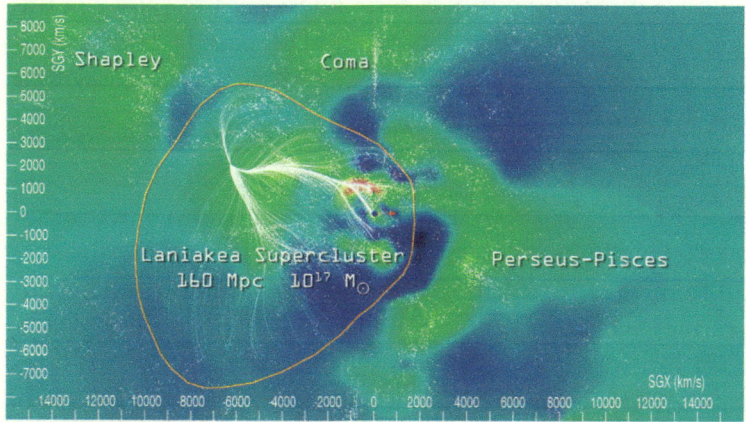

Figura 22. El supercúmulo de galaxias Laniakea y la ubicación en él de la Vía Láctea (indicada por el punto azul). Cortesía de R. Brent Tully, Hélène Courtois, Yehuda Hoffman y Daniel Pomarède.

nece nuestra galaxia, la Vía Láctea (ver Figura 22). Los astrónomos que firman el artículo de *Nature* —R. Brent Tully, Hélène Courtois, Yehuda Hoffman y Daniel Pomarède—[32] midieron las posiciones y velocidades peculiares de más de 8.000 galaxias en nuestro entorno y concluyeron que, en realidad, el supercúmulo Laniakea sería todavía mayor, contendría al de Virgo y tendría una extensión de 520 millones de años luz y una cantidad de masa equivalente a cien mil billones de soles. Su frontera se define de manera más precisa y de modo similar a como se define la frontera de una cuenca hidrográfica (la línea divisoria de aguas), pero gravitatoriamente: cualquier punto del supercúmulo está cayendo hacia su interior.

---

32 Puede verse la portada en: <https://www.nature.com/nature/volumes/513/issues/7516>.

Nuestra dirección cósmica sería pues: nuestra calle y el número del portal, código postal, ciudad, país, la Tierra, sistema solar (tercer planeta), Brazo de Orión, Vía Láctea, Grupo Local, Laniakea.

Con los telescopios situados en tierra y en el espacio se ha podido realizar una auténtica cartografía tridimensional que revela la existencia de los supercúmulos, que forman un tejido cósmico con filamentos y paredes que encierran grandes vacíos en los que prácticamente no se detecta materia luminosa. Observamos galaxias a miles de millones de años luz; la radiación que captamos hoy de las más remotas partió mucho antes de que se formara el sistema solar. Pero como la edad del universo es finita, la parte del universo que podemos observar es solo una fracción (seguramente muy pequeña) del total. Hoy se estima que el universo tiene unos 13.800 millones de años de edad, por lo que el radio de nuestro universo observable expresado en términos de la distancia que ha recorrido la luz en ese tiempo sería de 13.800 millones de años luz (en realidad, la distancia actual a los puntos que habrían emitido esa luz sería aún mayor debido a la expansión del universo). Volviendo la analogía empleada en el capítulo anterior —en la que la Vía Láctea está representada por un campo de fútbol— el radio de todo el universo observable resultaría, a esa escala, ligeramente superior al diámetro de la Tierra.

Pero, ¿dónde está la última frontera? Deberíamos preguntar a los cosmólogos y no creerles si nos dicen, como aparecía en los bordes de algunos antiguos mapas: ¡más allá hay dragones!

23. FÓSILES COSMOLÓGICOS

L as galaxias son los ladrillos básicos del universo. Desde que los astrónomos aprendimos a mediados de la década de los años veinte del siglo pasado que el universo contiene infinidad de galaxias, pronto fuimos conscientes de que estas no se distribuyen al azar. Las galaxias forman grupos, cúmulos y estructuras todavía mayores entre las que destacan filamentos y paredes que rodean grandes espacios vacíos. A esta textura cósmica nos referimos como estructura a gran escala. Su descripción y estudio es fundamental para entender aspectos claves del origen y la evolución del universo.

En el año 2005, se descubrió una peculiaridad en el estudio detallado de los cartografiados cósmicos disponibles hasta la fecha (son grandes catálogos de galaxias que contienen las posiciones en el espacio tridimensional de cientos de miles de galaxias en volúmenes descomunales). El nombre técnico de este descubrimiento es poco explícito; los astrónomos hablan de "oscilaciones acústicas bariónicas" y su existencia se postuló en 1970 por Jim Peebles y J. T. Yu.

La distribución de galaxias, como si se tratara de un fósil cosmológico, esconde esa huella del pasado más remoto del universo. El análisis de cómo se distribuyen las galaxias a gran escala nos ha permitido detectar esa sutil información que los cosmólogos teóricos habían predicho hace más de cinco décadas. Pero vayamos por partes. ¿Qué pasó en el universo primitivo y qué clase de huella dejó impresa este hecho en la estructura a gran escala del universo?

Minutos después de la Gran Explosión (Big Bang) se forman los núcleos de los átomos ligeros, fundamentalmente hidrógeno y helio, y algunos de sus isótopos como el deuterio o el tritio, pero no se pudieron formar los átomos estables, ya que en esta época la radiación domina sobre la materia, y si un núcleo capta algún electrón con la intención de formar un átomo, inmediatamente un fotón muy energético interactúa impidiendo que el enlace permanezca. La materia se encuentra completamente ionizada, formando un plasma denso y caliente en el que no hay átomos, solo núcleos, electrones, fotones y neutrinos, además de materia oscura, cuya naturaleza todavía desconocemos. Los núcleos están formados por neutrones y protones a los que colectivamente los físicos llaman bariones.

En este plasma sabemos que existen regiones ligeramente más densas que su entorno que tratan de atraer gravitatoriamente materia hacia ellas, pero al mismo tiempo una densidad mayor de fotones implica mayor presión (de radiación) que contrarresta la caída gravitatoria de materia. Hay oscilaciones: la gravedad intenta que la materia colapse y la presión de los fotones ejerce el efecto contrario. Como los fotones y el gas de bariones están acoplados en un único fluido a muy alta temperatura, la radiación arrastra a los bariones en una onda esférica que viaja a la velocidad del sonido (que para ese plasma es del orden de la mitad de la velocidad de la luz). La materia oscura es inmune a la presión de radiación, solo responde a la gravedad, ya que no interacciona con prácticamente nada y, por tanto, permanece en el centro de la onda sónica.

Unos 380.000 años después del Big Bang, cuando la temperatura ha decrecido suficientemente para que los fotones dejen de interaccionar con los bariones y se formen átomos estables, estos fotones pueden viajar libremente y son los responsables de la radiación cósmica de fondo, uno de los fósiles cosmológicos más importantes. El conocido paleoantropólogo Juan Luis Arsuaga habla de los fósiles como "de aquellos sorprendentes viajeros que llegan a nosotros desde la profundidad del tiempo geológico". El estudio de los fósiles ha permitido adquirir unos conocimientos muy precisos sobre el origen de la especie humana. Averiguar el pasado es una tarea apasionante y aún más si lo que se quiere conocer es el origen del hombre, de la vida o del universo. Posiblemente el fósil cosmológico que más información nos proporciona sobre el origen del universo es la radiación de fondo de microondas. Parafraseando a Arsuaga diríamos que esta radiación es una sorprendente viajera que llega a nosotros desde la profundidad del tiempo cósmico.

Volvamos a nuestra región más densa que su entorno. En el momento en que se produce la radiación cósmica de fondo, la presión de radiación disminuye abruptamente, dejando un casquete de bariones en torno al centro de la fluctuación de densidad que quedaría como congelado. Es semejante al efecto que se produciría si lanzáramos un puñado de piedras a un estanque. Estas formarían numerosas ondas de agua: imaginemos que, de repente, el agua se congelase. En nuestro caso, los centros y bordes de las ondas "congeladas" estaban formados por acumulaciones de materia, en las que con el paso del tiempo se van a formar muchas de las galaxias que vemos actualmente.

Estudiando la distribución de galaxias, hemos confirmado el descubrimiento de estas "ondas congeladas", ya que la teoría predice que deberían tener un radio de unos 500 millones de años luz, y lo que precisamente detectamos es que a esa distancia de una galaxia dada resulta más probable que encontremos otras galaxias, si comparamos con por ejemplo, 300 o 700 millones de años luz. Eso es consecuencia de que estamos hallando la señal que producen simultáneamente las galaxias que se encuentran en el centro y las que se ubican en el borde de esas ondas (ver Figura 23).

El tamaño de las oscilaciones acústicas bariónicas es una "regla" que podemos utilizar para medir el universo. Una regla es un objeto de tamaño conocido, cuyo tamaño aparente nos informa de cómo de lejos se encuentra y, por tanto, nos revela a qué ritmo se está expandiendo el universo. Los cosmólogos piensan hoy que existe en el universo una componente que no es materia ni radiación, que llamamos energía oscura y que produce que la expansión

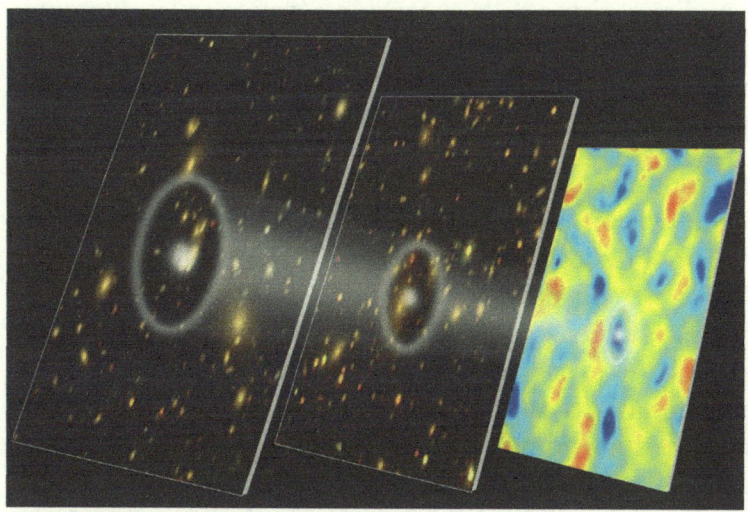

Figura 23. Los círculos blancos representan las oscilaciones acústicas ba-riónicas en este esquema que muestra el universo en tres épocas diferentes como en una tomografía cósmica. La imagen de la derecha es una representación del universo temprano cuando se emitió la radiación cósmica de fondo (380.000 años después del Big Bang). Las oscilaciones acústicas bariónicas, que ya estaban presentes en ese momento, se observan también en otras épocas cósmicas en la distribución de galaxias. La luz que nos llega del panel central se emitió hace 5.500 millones de años y la del panel de la izquierda, 3.800 millones de años. Crédito: E.M. Huff, the SDSS-III team, and the South Pole Telescope team. Graphic by Zosia Rostomian.

cósmica se acelere. Se esperaba que la expansión cósmica, descubierta por Edwin Hubble en 1929, estuviera ralentizándose, pero se observa lo contrario. Este hecho es tan desconcertante como si al lanzar una pelota al aire observáramos que no volviera a la Tierra, sino que continuara su trayectoria ascendente incrementando constantemente su velocidad. Pues bien, disponer de una regla nos permite estudiar el ritmo de la expansión cósmica en las diferentes épocas de la historia del universo, y por tanto el estudio de las oscilaciones acústicas bariónicas aporta información para conocer la naturaleza de la energía oscura.

En este reto están embarcados muchísimos proyectos de investigación internacionales. Por ejemplo, J-PAS (Javalambre Physics of the Accelerating Universe Astrophysical Survey) es un proyecto astronómico que pretende medir los parámetros físicos de la misteriosa energía oscura que provoca la expansión acelerada del universo. A tal fin se está llevando a cabo un cartografiado del cielo visible desde el hemisferio norte, obteniendo las posiciones y distancias de más de 90 millones de galaxias. Para ejecutar este programa se está haciendo uso de un telescopio de 2,5 metros de diámetro instalado en el Observatorio Astrofísico de Javalambre (Teruel). Si finalmente se desvelan las claves de los confines del universo con los datos que se obtengan desde este Observatorio, ¡será la prueba definitiva de que Teruel existe!

24. LA EXPANSIÓN DEL UNIVERSO

Uno de los esfuerzos intelectuales que más agotó a Albert Einstein fue la aplicación de su teoría de la relatividad general a la descripción del universo global. En una carta que le escribe a su amigo y colega Paul Ehrenfest (1880-1933), poco después de enviar su artículo a publicar, le llega a decir que "no he estado lejos de acabar recluido en un manicomio".

La cosmología de Einstein nace de una aparente contradicción entre aquello que, de forma natural, viene dictado por las ecuaciones de la relatividad general: un posible universo dinámico —en expansión o en contracción— y una imagen preconcebida de un universo estático. Efectivamente, los astrónomos de la época habían confirmado que los movimientos propios de las estrellas eran demasiado pequeños para que estas participasen de una expansión generalizada. Hay que considerar también que la imagen del universo dominante en ese momento es la de una gran galaxia que contenía todas las estrellas y nebulosas observadas.

Fiel a estas ideas preconcebidas, el universo de Einstein contiene una cantidad finita de materia y es estático. Para ello introdujo la famosa constante cosmológica en sus ecuaciones: el término Λ, que en palabras del propio Einstein es "necesario solo con el propósito de hacer posible una distribución de materia cuasiestática, tal como requieren las pequeñas velocidades de las estrellas". Ciertamente este término actúa contrarrestando la atracción gravitatoria que ejercen la materia y la radiación. En lenguaje newtoniano diríamos que Λ actúa como lo haría una fuerza gravitatoria repulsiva. En términos más precisos, podemos afirmar que las ecuaciones de Einstein explican cómo el contenido físico del universo —la densidad de materia y energía— determina su estructura geométrica —la curvatura—. En este contexto, la constante cosmológica es la densidad asociada al propio espacio vacío, sería como el precio que hay que pagar por disponer del espacio. El segundo modelo cosmológico que se introdujo a partir de la relatividad general lo propuso el holandés Willem de Sitter (1872-1934). En el universo de De Sitter, la materia no juega ningún papel relevante, se trata de un universo vacío, cuya dinámica está dominada exclusivamente por la constante cosmológica.

Fue el matemático ruso Alexander Fridman (1888-1925) quien en 1922 resolvió las ecuaciones cosmológicas de Einstein obteniendo, por primera vez, y haciendo uso exclusivamente de un planteamiento teórico, un universo en expansión. Einstein no se convenció. De hecho, primero criticó el trabajo de Fridman, diciendo que había un error en sus cálculos. Aunque Einstein pronto reconoció que quien se había equivocado era él mismo, y que los resultados de Fridman eran correctos, no pensó que pudieran ser de utilidad para explicar el universo observado. Más tarde, en 1927, el clérigo belga George Lemaître (1894-1966) llega a unas conclusiones similares a las de Fridman haciendo uso de planteamientos más físicos, pero solamente cuando el astrónomo americano Edwin Hubble, a partir del estudio de las velocidades de recesión de las galaxias, mostró en 1929 que el universo está en expansión, Einstein decidió abandonar la constante cosmológica, refiriéndose más tarde a ella como "la mayor pifia de su vida". Le había impedido predecir la expansión del universo doce años antes de su descubrimiento.

La expansión cósmica[33] propuesta por Hubble fue uno de los pilares en los que se basó la teoría del Big Bang.[34] Entenderla no es fácil. Seguramente la expansión del universo ha sido uno de los descubrimientos científicos más importantes del siglo xx. Como hemos indicado, se le atribuye fundamentalmente a Edwin Hubble, a partir de un artículo publicado en 1929, aunque el astrónomo belga George Lemaître había llegado a la misma conclusión dos años

---

33 Sobre la expansión cósmica se puede consultar el libro de Nussbaumer, Harry; Bieri, Lydia (2009). *Discovering the Expanding Universe*. Cambridge: Cambridge University Press.

34 Un excelente texto de introducción a la teoría del Big Bang es el libro de Fernández Soto, Alberto (2021). *Tras el Big Bang. Del origen al final del universo*. Barcelona: Shackleton Books.

antes. Además, los datos de los desplazamientos hacia el rojo de las galaxias medidos por Vesto Slipher (1875-1969) y por el propio colaborador de Hubble, Milton Humason (1891-1972), así como la manera de determinar distancias a partir de la relación periodo-luminosidad de Henrietta Leavitt fueron determinantes para llegar a esta conclusión. También, los cálculos teóricos de Alexander Fridman en 1922, al resolver las ecuaciones de Einstein sin imponer que el universo fuese estático, producen un universo en expansión.

Cuando imaginamos el universo en expansión (ver la Figura 24), visualizamos las galaxias alejándose unas de otras. La expansión es de tal modo que cualquier observador situado en un planeta como el nuestro observaría que las galaxias distantes se alejan de él a una velocidad que es proporcional a la distancia que las separa del observador. Pero, ¿qué es lo que realmente mide el observador? No mide directamente la velocidad de alejamiento de las galaxias, sino que mide el desplazamiento hacia el rojo del espectro de la luz que proviene de cada galaxia. El espectro nos da la cantidad de energía recibida en función de la longitud de onda. El hecho de que esté desplazado hacia el rojo implica que la curva del espectro de una galaxia distante se ha movido hacia longitudes de onda más largas si la comparamos con la curva de esa misma galaxia si estuviera más cerca. Hubble lo interpretó como un desplazamiento Doppler debido a la velocidad radial de alejamiento de la galaxias y, por eso, la Ley de Hubble se suele representar como $v=Hd$. La velocidad (v) es proporcional a la distancia (d).

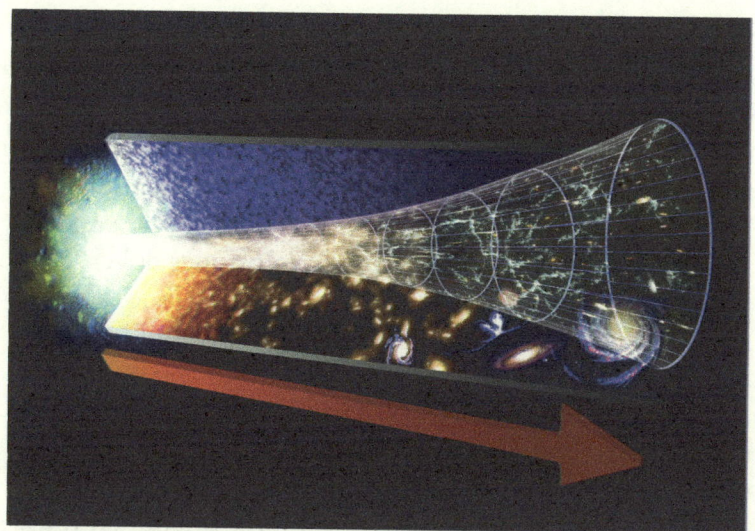

Figura 24. Este diagrama representa la evolución del universo, desde su origen en el Big Bang hasta nuestros días. La flecha roja indica el flujo del tiempo cósmico. Crédito: NASA/Goddard Space Flight Center.

Conviene aclarar que el desplazamiento al rojo Doppler y el desplazamiento al rojo cosmológico son similares, pero no idénticos. El primero se produce como consecuencia del movimiento relativo entre una fuente luminosa y el observador. Si la fuente se aleja a gran velocidad, el observador la detecta enrojecida, del mismo modo que cuando se aleja una ambulancia percibimos el sonido de su sirena más grave que cuando se acerca. Las ecuaciones del efecto Doppler, para velocidades relativas altas, son las de la relatividad especial. El desplazamiento hacia el rojo cosmológico, por el contrario, es consecuencia de la expansión del espacio y sus ecuaciones son las de la relatividad general.

Visualizar las galaxias alejándose unas de otras con el paso del tiempo nos permite rebobinar la película cósmica e imaginar que en el pasado estaban más juntas. A partir de esta imagen no es difícil llegar a la idea del Big Bang, la Gran Explosión, con la que la expansión cósmica se inició. Desafortunadamente, aquí nuestra mente recurre casi inevitablemente al imaginario de las explosiones del cine bélico, en el que tras una detonación, la metralla se expande alejándose del punto de la deflagración. El símil induce al error común de pensar el Big Bang como la explosión de una bomba que tiene lugar en un lugar y envía la materia en todas las direcciones. Esta imagen está completamente equivocada. En realidad, el Big Bang es una "explosión" del propio espacio que ocurre simultáneamente en todas partes (en un espacio que bien podría ser infinito desde el inicio). Por tanto, la expansión de las galaxias es una expansión del propio espacio que las arrastra con ellas produciendo que su luz nos llegue desplazada hacia el rojo, pero no es una expansión de las galaxias en el espacio. La recesión de las galaxias no es, por tanto, un fenómeno local y puede, y de hecho así ocurre, superar la velocidad de la luz.

Pensemos en una galaxia cuyo desplazamiento hacia el rojo sea $z=1,5$. Esto significa que la longitud de onda de la radiación que detectamos de esa galaxia es el 150% más larga que los valores de referencia de ese tipo de radiación medidos en el laboratorio. La luz que observamos hoy de esa galaxia partió cuando el universo tenía 4.300 millones de años; como la edad del universo hoy es de 13.800 millones de años, la luz de esa galaxia ha estado viajando durante 9.500 millones de años antes de llegar a la Tierra, pero como además, en todo ese tiempo, el universo se ha estado expandiendo, la distancia a la que se encuentra esa galaxia (que es la d que aparece en la Ley de Hubble) es de 14.600 millones de años luz. Pues bien, esa galaxia y todas las que están más lejos (se han detectado miles), en el marco del modelo cosmológico aceptado actualmente, se están alejando de nosotros (o nosotros de ellas) a velocidades superiores a la de la luz (c=300.000 km/s). Este hecho no viola ningún principio de la física, ya que, como hemos indicado —pero conviene repetirlo (al menos tres veces al día)—, la velocidad de recesión no es consecuencia de un movimiento de las galaxias en el espacio, sino que es consecuencia de la expansión del propio espacio.

La expansión cósmica se ve frenada por la atracción gravitatoria que ejerce toda la materia en el universo. Si la densidad supera un cierto valor crítico, la expansión se frenaría y el universo colapsaría, pero si la densidad es igual o menor a ese valor, la expansión durará por siempre. Este valor crítico para la densidad es extraordinariamente pequeño, del orden de seis átomos de hidrógeno por metro cúbico y es, precisamente, el valor que sugiere el análisis actual de los mapas de la radiación cósmica de fondo, un fósil cosmológico que nos llega en forma de radiación de microondas, de cuando la edad del universo era tan solo de 380.000 años.[35]

La luz de las galaxias más remotas está muy enrojecida debido a la expansión cósmica y, en muchos casos, solo es

---

35 Una buena referencia para conocer más sobre este tema es Siegel, Ethan (2016). *Beyond the Galaxy. How humanity looked beyond our Milky Way and discovered the entire Universe*. Nueva Jersey: World Scientific Publishing. Es también recomendable visitar su excelente blog de divulgación científica: <https://bigthink.com/starts-with-a-bang/>.

observable en el infrarrojo. En el estudio de las primeras galaxias que se formaron en el universo está jugando un papel fundamental el telescopio espacial James Webb, que observa en estas longitudes de onda. Las galaxias más remotas y, por tanto, las que se formaron en el universo temprano, emitieron su luz unos pocos centenares de millones de años después del Big Bang. En ocasiones son tan débiles que su detección solo es posible, incluso para el James Webb, gracias a que la luz de estas remotísimas galaxias es magnificada por efecto lente gravitatorio, producido por una concentración de masa, como por ejemplo un cúmulo de galaxias, que se encuentre en la misma línea visual.

Las formas de las galaxias remotas son diferentes a las de las cercanas, son más compactas e irregulares. También son más grandes y masivas de lo que se esperaba en el marco del modelo cosmológico aceptado. En un artículo publicado en febrero de 2023 en la revista *Nature*, en el que participaba el astrónomo de la Universitat de València, Mauro Stefanon, se concluía que la formación de estrellas en las primeras galaxias pudo haber sido un proceso mucho más eficiente de lo que se consideraba hasta ahora.

La historia de conocer la historia del universo es una historia interminable. Y es así como debe de ser. El avance del conocimiento que nos permite abrir las puertas del cielo sigue los pasos que describió elocuentemente Cecilia Payne-Gaposchkin para explicar el trabajo de los científicos: "Gastamos nuestras vidas tratando de derrocar ideas obsoletas y reemplazarlas con algo que represente mejor la naturaleza… La ciencia es un ser vivo, no un dogma muerto".

25. EL LADO OSCURO DEL INVENTARIO CÓSMICO

D iferentes observaciones cosmológicas han determinado que toda la materia en el universo contribuye solamente al 31% de la densidad crítica. Y en este porcentaje estamos contando tanto con la materia visible como con la materia oscura, que no observamos directamente, pero de la que tenemos evidencia al estudiar la dinámica de las galaxias y de los cúmulos de galaxias.

El otro 69% necesario para alcanzar la densidad crítica es lo que se ha venido a llamar energía oscura, término que englobaría, entre otras posibilidades, a la constante cosmológica. En efecto, estudios de supernovas muy lejanas iniciados por dos grupos de prestigiosos astrofísicos en 1998 apuntaban a que el universo podría estar expandiéndose de manera acelerada, y que una de las posibles causas de esta aceleración fuera la constante cosmológica de Einstein. Ante este hecho, corroborado por otras observaciones cosmológicas posteriores, los físicos se han apresurado a recoger la constante cosmológica de la papelera de Einstein: la pifia del sabio alemán se ha convertido en la piedra angular sobre la que se basa la cosmología moderna.

En la antigua Grecia, Empédocles (ca. 484-424 a. e. c.) afirmó que todo se componía de solo cuatro elementos: el agua, el fuego, la tierra y el aire. Fue, sin duda, el primer intento de describir el contenido de nuestro universo. Más de cien años después, Aristóteles añadió un quinto elemento: el éter o quintaesencia, que formaba las estrellas, mientras que los otros cuatro eran los constituyentes de las sustancias terrestres.

Con el transcurso del tiempo los alquimistas empezaron a diferenciar los elementos: el hierro de las armas y los útiles de labranza, el bronce de las primeras monedas, el oro de las joyas. En el siglo XIX, el químico ruso Dmitri Ivánovich Mendeléyev (1834-1907) puso orden y estableció la tabla periódica: hidrógeno, helio, litio, berilio, boro, carbono, nitrógeno, oxígeno... hasta más de cien. Casi todos los elementos químicos que forman parte de las moléculas de nuestro cuerpo se formaron hace miles de millones de años en el interior de estrellas que hoy ya no existen. La fusión termonuclear es la fuente de energía de las estrellas, un mecanismo por el que se transforma, primero, el hidrógeno en helio y después, progresivamente, en otros elementos químicos como el carbono, el oxígeno, el silicio o el hierro. Este último es el elemento más pesado que se forma durante la vida "tranquila" de una estrella. El oro de nuestras joyas o el uranio de los reactores nucleares se produce al final de la vida de estrellas muy masivas, gracias a reacciones termonucleares que ocurren en las explosiones de supernovas, que además sirven para inundar el medio interestelar con los elementos químicos que se formaron en el interior de esas estrellas. De los restos de estas explosiones se formaron nuevas generaciones de estrellas, como nuestro Sol. Muchas de ellas albergan sistemas planetarios, como nuestro sistema solar, y quién sabe si también vida como la Tierra.

Pero como William Shakespeare (1564-1616) pone en boca de Hamlet: "Hay algo más en el cielo y en la tierra, Horacio, de lo que ha soñado tu filosofía". Las observaciones cosmológicas actuales apuntan a que en el universo aproximadamente solo el 5% sería materia ordinaria (materia bariónica), otro 26% sería un tipo de materia bien distinta al que conocemos y cuya naturaleza sigue siendo un misterio, la materia oscura (ver Figura 25). Los grandes aceleradores de partículas, como el Large Hadron Collider (LHC), en el Consejo Europeo para la Investigación Nuclear (CERN por su nombre en francés, Conseil Européen pour la Recherche Nucléaire), la buscan y quizá, algún día, la encuentren. Más extraño aún resulta el concepto de energía oscura, que contribuye con un 69% al total y sería, por tanto, la componente dominante del contenido de materia y energía del universo.

La existencia de la materia oscura se postuló hace muchos años. Desde que el 1 de enero de 1925, el astrónomo americano Edwin Hubble mostrara que la galaxia de Andrómeda era una galaxia como la nuestra y, por tanto, no formaba parte de la Vía Láctea, se empezaron a catalogar centenares de galaxias primero, más tarde miles, y hoy en día millones de estas enormes concentraciones de estrellas, polvo y gas, que contienen, en muchos casos, cientos de miles de millones de soles. Pronto se dieron cuenta los astrónomos de que las galaxias parecían sociables —la gravedad las hace así—, y se agrupan para formar estructuras más grandes. Al fotografiar grandes áreas del cielo, se pudo comprobar que existían cúmulos constituidos por centenares o miles de galaxias. Uno de los más espectaculares y cercanos es el cúmulo de Coma a unos 325 millones de años luz. El astrónomo suizo, nacido en Bulgaria, pero afincado en California Fritz Zwicky (1898-1974) intentó, en los años treinta del siglo pasado, determinar la masa de este cúmulo y llegó a la conclusión de que, dadas las velocidades a las que se desplazan las galaxias en su seno (como las abejas en un enjambre), la única forma de explicar que el cúmulo no se disgregara era que existiera una gran cantidad de materia no visible, que lo mantuviera ligado por efecto gravitatorio. Postuló, por primera vez, la existencia de materia oscura. Su contribución a la masa total del cúmulo es muy superior a la suma de la masa de las galaxias que lo componen. Otras muchas evidencias se han aportado desde entonces para justificar la necesidad de contar con la materia oscura en el inventario cósmico, aunque su naturaleza sigue siendo un misterio.

Más de cuarenta años después, Vera Rubin (1928-2016) y su grupo de investigación analizaron las velocidades de rotación de las estrellas en torno al núcleo galáctico en galaxias espirales. Comprobaron que no disminuían con la distancia al centro galáctico como sí lo hacen las velocidades de rotación de los planetas alrededor del Sol. Si la mayoría de la masa estelar galáctica se encuentra próxima al núcleo, cabe esperar que las velocidades disminuyan con la distancia (por la tercera ley de Kepler). El hecho de que estas velocidades permanezcan constantes a distancias muy alejadas del centro galáctico obliga a considerar que existe masa no visible en un halo galáctico formado por materia oscura.

Otras evidencias de la existencia de materia oscura en los cúmulos de galaxias se obtuvieron analizando imágenes de algunos cúmulos que magnifican y distorsionan la luz procedente de objetos remotos, actuando como potentes lentes gravitatorias.[36]

Al estudiar las explosiones de supernova en galaxias situadas a miles de millones de años luz, los cosmólogos han concluido que su brillo es más débil de lo esperado. En realidad, esta observación la explican argumentando que la distancia que ha recorrido la luz de las supernovas hasta llegar a nuestros telescopios es mayor de lo que se pensaba, y esto se explica si el universo se está acelerando. La razón de esta aceleración no está clara. Los cosmólogos hablan, sin saber muy bien qué es, de energía oscura: no es materia y, por tanto, no se puede detectar mediante su influjo gravitatorio; tampoco emite radiación. Se trata de una energía asociada al propio espacio, que actúa como una gravedad repulsiva, y que sería la responsable de la aceleración cósmica. El futuro del universo estará dominado por

---

36 Sobre materia oscura, el lector puede consultar: Nicolson, Ian (2007). *Dark Side of the Universe*. Baltimore: The Johns Hopkins University Press. Y Sanders, Robert H. (2004). *The Dark Matter Problem. A Historical Perspective*. Cambridge: Cambridge University Press.

esta componente misteriosa que causará que todo aquello que se encuentra más allá del Grupo Local, formado por la Vía Láctea, Andrómeda, la galaxia del Triángulo y unas decenas de galaxias enanas, se aleje aceleradamente de nuestro entorno. Este escenario junto con otras posibilidades que dependen de los valores precisos que tomen los parámetros cosmológicos están explicados con detalle en el excelente libro de Katie Mack *El fin de todo (Astrofísicamente hablando)*.[37]

Unos 2.400 años después de Aristóteles, nos guste o no, los sucesores de aquellos pensadores y filósofos de la naturaleza en la antigua Grecia seguimos hablando —como ellos— de quintaesencia: de un lado oscuro y desconocido del universo. A pesar de todo lo que hemos aprendido, solo conocemos la punta del iceberg, el resto, la mayor parte del universo, sigue siendo un misterio.

También es necesaria la materia oscura para explicar las potentes emisiones en rayos X que emite el gas caliente que está atrapado en su interior. En definitiva, los físicos y los astrónomos están convencidos de que la materia oscura es fundamental para mantener la estabilidad del modelo cosmológico actual, del mismo modo que los griegos y los astrónomos del Renacimiento estaban convencidos de la existencia física de las esferas cristalinas o Le Verrier de la existencia de Neptuno y Vulcano, como vimos en el primer capítulo del libro. ¿Cuál será el desenlace? ¿La materia oscura cosmológica se encontrará finalmente? o ¿será una idea que deba marchitar como la de las esferas de Eudoxo,

---

37 Mack, Katie (2021). *El fin de todo (Astrofísicamente hablando)*. Barcelona: Crítica.

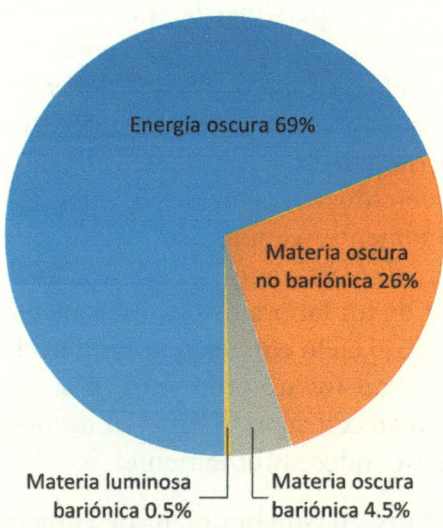

Figura 25. El inventario cósmico: los diferentes componentes del universo. El lado oscuro es dominante. Crédito: imagen elaborada por Fernando J. Ballesteros.

introducidas en el capítulo 17? ¿Será un Neptuno que se descubrirá algún día? o, por el contrario, ¿será un Vulcano que no existe y se hará necesario modificar la física que conocemos? Existen teorías que modifican la gravedad newtoniana para explicar las curvas de rotación planas de las galaxias espirales sin necesidad de recurrir a la materia oscura, pero que no son tan satisfactorias para explicar la dinámica de los cúmulos de galaxias.

Más del 80% de la materia del universo es materia oscura no bariónica. Además, el lado oscuro se completa con la contribución todavía más misteriosa de la energía oscura (ver Figura 25). La supersimetría, que extiende el modelo estándar de la física de altas energías, predice la existencia de partículas con las propiedades que debería tener la materia oscura; son las llamadas WIMP por su sigla en inglés (*weakly interacting massive particles*). Si las WIMP existen, merecen ser descubiertas. Hay dos formas de detectar las WIMP: directamente, viendo los efectos que producen cuando eventualmente chocaran con un núcleo atómico en el detector de un laboratorio subterráneo o, indirectamente, mirando el cielo con telescopios especiales que son capaces de detectar los subproductos (por ejemplo, rayos gamma) que aparecen cuando un gran número de WIMP colisiona aniquilándose mutuamente.

El LHC del CERN, en Ginebra, no ha descubierto las WIMP todavía, pues seguramente han escapado de sus límites de detección; pero ahora que el acelerador se ha reactivado con mucha más energía podría dar con ellas, o al menos sus colisiones podrían llevarnos a inferir la existencia de candidatos a materia oscura. Muchos físicos en todo el mundo trabajan para ello. Hace unos años, el Large Area Telescope, a bordo del satélite espacial Fermi, detectó un exceso inesperado de rayos gamma proveniente del centro de nuestra galaxia, la Vía Láctea. Si este exceso se debiera a la aniquilación de materia oscura, se podría calcular el rango de masas que tendría la partícula candidata. El resultado es una masa detectable directamente en el LHC, aunque todavía no se ha visto nada. Incluso, la no detección sería un resultado interesante porque ayudaría a entender cómo interacciona la materia oscura. En cualquier caso, hay que ser cautos, ya que el exceso de rayos gamma también podría proceder de otras fuentes astrofísicas como, por ejemplo, una población de púlsares con periodos de milisegundos. La búsqueda es detectivesca, pero el resultado puede sorprendernos y, el día menos pensado, podría obtenerse una detección positiva de materia oscura. Mientras tanto, los físicos actúan con la estrategia de Sherlock Holmes: "Cuando todo aquello que es imposible ha sido eliminado, lo que quede, por muy improbable que parezca, es la verdad".

Los astrónomos precopernicanos hacían cada vez más complejos los modelos del mundo geocéntricos, añadiendo nuevas esferas, epiciclos, deferentes, etc. Trataban, según los historiadores actuales, de describir los fenómenos, no explicarlos. Pero las complicaciones eran tan evidentes que llevaron al propio Alfonso X el Sabio (1221-1284) a afirmar "si hubiera estado presente en la Creación, habría sugerido un esquema más simple". ¿Estamos los cosmólogos de hoy en día haciendo algo similar, postulando la existencia de componentes exóticos para explicar el universo? ¿Estamos reeditando continuamente un modelo de universo —quizá erróneo— para acomodarlo a las nuevas e inesperadas observaciones? ¿Será necesario plantear la crisis del modelo y buscar alternativas, quizá un cambio de paradigma? El tiempo nos dará respuestas, pero entre tanto un cierto escepticismo es aconsejable.

AGRADECIMIENTOS

He de agradecer los comentarios y explicaciones de mis colegas del Observatorio Astronómico de la Universitat de València sobre muchos de los temas tratados en este libro. Ellos han sido los auténticos expertos que me han aclarado conceptos, me han proporcionado conocimientos o me han revelado interesantes descubrimientos astronómicos. La *Noticias del Cosmos* que diariamente ha publicado Amelia Ortiz Gil durante más de veinte años han sido una inspiración crucial a la hora de seleccionar los temas más relevantes de los capítulos que conforman *Abriendo las puertas del cielo*. Algunos de los textos que han dado origen a este libro los escribí en su día en colaboración con Alberto Fernández Soto o Fernando Ballesteros. Agradezco su generosidad permitiendo que los utilizara en esta obra. Los tres han podido leer el manuscrito final y han contribuido a mejorarlo con sus consejos o detectando errores que he corregido oportunamente. Los errores que hayan podido quedar en la versión final del libro son de mi entera responsabilidad. La elaboración de vídeos cortos de divulgación astronómica, con Javier Díez como director (con decenas de miles de visualizaciones en You-Tube), nos ha llevado a redactar guiones científicos que en algún caso he adaptado en este texto. Me he beneficiado de las interesantes discusiones científicas a la hora del café en el Observatorio Astronómico: el Hard Science Cafe. En estas, además de las personas mencionadas, han participado otros colegas como Pablo Arnalte Mur, Carlos Peña Garay, Juan Fabregat, José Carlos Guirado, Mauro Stefanon, Siddhartha Gurung López, Lorena Nieves, Alberto Torralba, Pau Canet Banyuls, Joan Climent, Iván Martí-Vidal y otros. Las imágenes y observaciones de mi colega astrofotógrafo Vicent Peris han sido una constante fuente de inspiración. Agradezco su generosidad para utilizarlas en este libro. Debo agradecer la generosidad de los autores de otras imágenes incluidas en el libro por permitir su uso y, por supuesto, quiero hacer explícito mi agradecimiento a Wikipedia y Wikimedia Commons, así como a sus colaboradores altruistas. Estoy en deuda con Bernard J.T. Jones y Virginia Trimble, coautores conmigo de la reciente publicación *The Reinvention of Science. Slaying the Dragons of Dogma and Ignorance.* Espero que todo lo que he podido aprender de ambos, durante los años empleados en escribir esa obra, haya impregnado el presente texto. Su escritura ha incrementado mi admiración por aquellas personas que a lo largo de los siglos nos han ido *abriendo las puertas del cielo* para conocer mejor el universo. Confío que la lectura de este libro produzca un efecto similar.

Finalmente, quiero agradecer al jurado del VIII Premio Internacional de Divulgación Científica Ciutat de Benicarló por haber seleccionado esta obra con este prestigioso galardón. Es un honor unirse al excelente elenco de autoras y autores que han recibido este premio en las siete ediciones anteriores. Y, por supuesto, quiero agradecer a todo el equipo de Onada Edicions su paciencia y el excelente trabajo que han llevado a cabo en la transformación de mi manuscrito en el presente libro.

Valencia, 16 de enero de 2024

Vicent J. Martínez
@VicentJM